PENGREN HUAXUE

高职高专"十二五"规划教材

烹饪化学

谷 绒 主编
徐大好 主审

U0367881

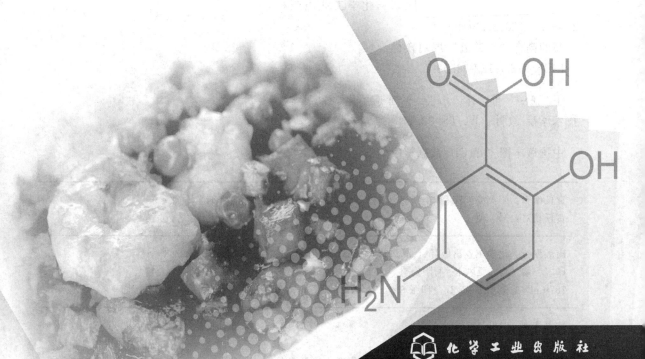

化学工业出版社
·北京·

本书作为烹饪专业进行专业基础课教学的必备教材，围绕原理够用、注重与烹饪实际操作过程相结合的编写原则，重点介绍了人体所需的水、无机盐、蛋白质、脂类、糖类、维生素六大营养素以及酶和激素等的组成、结构、物理化学性质，并且突出介绍了这些物质在烹饪中的应用；介绍了烹饪中味的相关化学知识。为增加学生对相关知识的直观理解，最后还配有一些实验，具有很强的实用性。此外，本教材语言通俗易懂，另配教学课件，便于教学和学生自学。

通过本书的学习，要求学生在掌握基本化学原理的基础上，学会如何运用化学原理来解释一些烹饪现象，实现理论和实践的融合，为今后的实践操作打好基础。

本书可作为高职院校和部分普通高校的烹饪专业、烹饪中专、烹饪职业高中以及其他烹饪专业培训班的教学专用教材。

图书在版编目（CIP）数据

烹饪化学/谷绒主编． —北京：化学工业出版社，2009.9 （2025.2重印）

高职高专"十二五"规划教材

ISBN 978-7-122-06558-2

Ⅰ．烹… Ⅱ．谷… Ⅲ．烹饪-应用化学-高等学校：技术学院-教材 Ⅳ．TS972.1

中国版本图书馆 CIP 数据核字（2009）第 161689 号

责任编辑：旷英姿 陈有华 文字编辑：向 东
责任校对：郑 捷 装帧设计：史利平

出版发行：化学工业出版社（北京市东城区青年湖南街 13 号 邮政编码 100011）
印 装：河北延风印务有限公司
787mm×1092mm 1/16 印张 8¾ 字数 209 千字 2025 年 2 月北京第 1 版第 11 次印刷

购书咨询：010-64518888 售后服务：010-64518899
网 址：http://www.cip.com.cn
凡购买本书，如有缺损质量问题，本社销售中心负责调换。

定 价：28.00 元

高职高专"十二五"规划教材
《烹饪化学》

主编 谷 绒

主审 徐大好

编者 （按姓名笔画排列）

谷 绒 陆志群 赵 敏 隋大鹏

前　言

　　《烹饪化学》是烹饪专业进行专业基础课教学的必备教材，但由于原来教材中包含太多过深而且很抽象的化学理论知识，学生相当怕学，对有些问题很难理解。出现这种情况的根本原因在于：化学的原理没能和实际的应用联系起来，使学生不能把学习的理论知识联系到烹饪实践中去，更不能灵活地运用理论来解释一些实际现象，即"学不能致用"。针对目前高等职业教育的培养目标：专门培养"高素质、高技能的专门人才和技术运用型人才"，特编写了这本教材，既没有高等教育教材那么高深，又有别于中专教育的教材。使学生在理论够用的基础上真正学会用理论来解决实际问题。

　　本书是高等职业技术教育专业基础教材，重点突出高职高专教材以实用为主的特色。本着实用的原则从无机到有机，将化学理论和烹饪过程的实践紧密结合起来，注重每个重要原理在烹饪实践中的应用。主要目的为后续的实践性教学提供更多的、更坚实的理论基础。本书可作为高职院校和部分普通高校的烹饪专业、烹饪中专、烹饪职业高中、烹饪专业培训班的教学专用教材。

　　本书内容包括：烹饪原料当中的主要成分，即水、无机盐、蛋白质、脂类、糖类、维生素、酶和激素等的物质的组成、结构、物理化学性质；重点突出这些物质在烹饪中的应用，在烹调加工中的变化，控制物质流失和破坏的方法等。

　　在编写过程中，始终围绕原理够用这一大前提，注重与烹饪实际操作过程相结合，将烹饪过程相关的理论呈现出来。理论结合实践，系统性较强，更符合高职培养目标。通过本书的学习，要求学生掌握基本的化学原理，使学生学会如何用化学原理来解释烹饪过程，实现理论和实践的融合，能在今后的实践操作中正确应用。本教材提供了许多辅助手段帮助学生的学习：每章开始都预先说明本章的学习目的，以便使学生预先了解本章的有关概念及内容；每章结束，有本章小结，帮助学生回顾本章的主要内容，并且配有思考题。教材另配有教学课件，直观性很强，具有实用性的和拓展性。

　　本书由江苏食品职业技术学院旅游烹饪系谷绒主编。编写人员具体分工是：谷绒编写第一章、第六章；江苏食品职业技术学院赵敏编写第二、第五、第九、第十章；青岛酒店管理学院烹饪学院隋大鹏编写第三、第八章；杭州第一技师学院陆志群编写第四、第七章；全书由谷绒统稿，江苏食品职业技术学院徐大好主审。

　　在编写过程中，受到了很多同行的协助和指导，向各位老师表示真诚的感谢；另外还得到相关编写学校领导的大力支持和帮助，在此也向他们深表感谢！在编写过程中参考、引用了一些书籍、学术期刊、论文、报刊的内容，在此向相关的作者致以衷心的谢意。

　　由于编写时间仓促、编者知识水平有限，书中难免存在不足之处，恳请各位专家、同行和读者多批评、指正。

编　者

2009 年 4 月

目　录

参考文献 ………………………………………………………………………………… 131

第一章 绪 论

【学习目标】

1. 了解烹饪加工过程中常见的物质变化。
2. 掌握烹饪化学的定义、研究对象和研究的内容。
3. 了解学习烹饪化学的方法。

第一节 烹饪概述

1. 烹饪的概念

烹饪是一门科学，是以原料学、营养学、中医学、化学、物理学、美学等多种学科知识来研究饮食的一门科学。烹饪也是一种技艺。随着人类文明的进步，烹饪也从简单发展到复杂、由低级发展到高级。食物原料种类繁多、丰富多彩，除少数可直接生吃外，大多数都必须经过烹调后才能食用。烹饪就是对食物原料用特定的方法、进行一定程度的加工与制作，使其成为具有一定标准的菜点的过程。

烹饪就是烹和饪的组合，"烹"就是煮的意思，"饪"是指熟的意思。简单地说，烹饪是对食物原料进行热加工，将生的食物原料加工成熟的过程；具体地说烹饪是指对食物原料进行合理选择调配，加工治净，加热调味，使之成为色、香、味、形、质、养兼美的安全无害的、利于人体吸收消化的、益人身体健康的、强人体质的饭食菜品，包括调味熟食，也包括调制生食。

2. 烹饪加工过程中常见的物质变化

烹饪过程包括原料选择、加工切配、风味调制、制熟方式、食品保健等内容。烹饪过程是烹饪原料发生变化的过程，简单地说是转变成一个最佳的可食用状态的过程。在这看似简单的变化中，却发生着复杂的、微观的化学变化。例如肉类及禽蛋类食物原料在加热烹调时会发生不同程度的形态、颜色、状态的变化，如个体的收缩、肌肉组织由红变白、凝固等，而这些变化的本质是原料中丰富的蛋白质物质在加热的条件下发生的变性作用；又如干货原料再次用水浸泡后仍然可以恢复到新鲜时的水润和弹性；面粉加水拌和、揉团后则具有较好的筋力、弹性、延伸性，可以抻成面条，而米粉则不能，这些又与原料中蛋白质的吸水作用有关；再如对菜肴勾芡收汁，是因为淀粉在水分和热量的作用下由结合紧密的结晶状态变成糊化状态，其本质是淀粉吸水膨胀直至分子间氢键断裂；焙烤、煎、炸可以赋予食品焦黄的色泽以及特有的焦香味，这主要是糖在高温下的焦糖化反应以及糖类的羰基与蛋白质或氨基酸的氨基结合所发生的羰氨反应。

可见，食品原料加工成成品的过程中发生着复杂的而又非常重要的化学变化，而这些变化又直接决定着成品的品质。成品所呈现出的色、香、味、形也是由烹饪加工中特定的化学反应决定的。

第二节　烹饪化学概述

1. 烹饪化学定义

烹饪过程中发生着复杂的化学变化，也正是因为有这些化学反应才能赋予原料独特的品质。烹饪化学就是从化学的角度来探讨烹饪现象和本质的一门学科。它以普通化学、有机化学、生物化学为基础来分析烹饪原料的组成、性质，探讨和解释烹饪加工过程中的物质变化以及形成色、香、味的原理。

2. 烹饪化学研究的对象

烹饪的对象即所有可以直接或者加工后可以食用的原料，而烹饪的最终结果就是将各式原料加工成各种菜肴以及面点制品，所以烹饪化学研究的对象包括各类的原料和加工出的成品。简单地说，自然界一切与吃有关的物质都是烹饪化学研究的对象。

3. 烹饪化学研究的内容

在烹饪加工过程中，原料的结构和性质会随着条件的改变发生变化，这些变化可能是有利的但也可能带来不利的影响，因此研究烹饪化学就是要用化学的理论来指导烹饪活动的整个过程。烹饪化学研究的内容包括以下方面。

（1）研究烹饪原料各种化学成分的结构、物理性质、化学性质及其对形成和保持食品的感官及营养价值所起的作用　烹饪原料种类繁多，但它们都不同程度的含有一些共同的化学成分，即水分、蛋白质、脂肪、糖类、无机盐及维生素。特别是水分、糖类、脂肪、蛋白质，它们的含量决定了食品的性能和品质。了解这些化学成分的结构、物理性质、化学性质，将为烹饪过程提供有效的理论依据，在确保最大程度保护营养价值的前提下，提高食品的感官特性。例如，蛋白质含量高的原料，如豆类、禽畜肉、禽蛋、鱼虾、乳等，生吃不能被人体消化、吸收，还会引起过敏、中毒等不良情况，因此利用蛋白质能在加热、酸碱及有机溶剂等的作用下变性的性质，可以提高高蛋白原料的食用性，使其营养价值更高、更安全卫生，如各种加热制熟制品、发酵酸奶、卡蛋、醉虾等。又如，凉的馒头、米饭放置一段时间后会变得坚硬和干缩，这是因为淀粉的老化现象，老化的淀粉口感变差，消化吸收率也降低，所以需贮存的馒头、面包、糕点、米饭等，不宜存放在冰箱保鲜室，最好把它们放入冷冻室速冻起来。因此，清楚认识了原料的性质才能正确地利用原料和贮藏原料。

（2）研究烹饪加工原料中特殊成分的相互作用规律，并加以合理的利用和控制　果蔬类原料长期放置会出现组织软烂、汁液渗出，一方面是因为微生物诸如霉菌、酵母菌以及少部分细菌的致腐作用。另一方面在于果蔬中特有的酶，如果胶酶，它可以分解果蔬中的原果胶逐步形成果胶和果胶酸，使组织结构变得稀软；而其中的多酚氧化酶则氧化果蔬中的酚类物质形成红棕色素或紫褐色素，给加工造成影响。因此，认识到原料在烹饪加工中成分的相互作用规律，才能采用合适的加工手段予以避免和控制。

（3）研究形成和保持烹饪制品的色、香、味、形等感官特性的原理　烹饪加工过程中一些生色、增香、增味反应可以提高菜肴以及面点制品的档次，增加食用者的食欲。例如，在烤鸭、烤鸡时，先在原料上涂抹一层麦芽糖，可以增加焦糖化作用，使制品带上诱人的红褐色；又如，烘烤和炸制面点都带有不同程度的黄色和棕红色，并且还具有特殊的焦香味，这在于淀粉不完全水解产生的糊精在高温作用下焦化，生成了焦糊精的作用；再如，制作一些特色面点，如山西的刀削面、猫耳朵、山东的硬面馒头时，要求面团具有很好的韧性，则需要冷水和面，可以使面筋蛋白充分吸水膨胀，形成面筋，使制品口感筋道。因此，合理地利用烹饪原料中物质的化学变化，可以带给制品良好的色、香、味、形。

（4）研究用合理烹饪来减少营养成分损失，提高使用价值及营养成分　随着社会生活水平的提高，老百姓的日子也过得越来越好，现代的膳食也更加丰富、更加美味，但我们时常会在烹调过程中忽略食物营养价值的保护问题，使营养素会在烹饪过程中被破坏、流失，如蛋白质、脂肪在高温作用下不同程度的水解；含淀粉的原料在低温下老化；果蔬中的维生素的流失、矿物质元素的损失等，都会影响食物的营养价值。如何避免这些不利因素，这就需要了解物质变化的原理，在烹饪的各个环节，诸如原料的选择、烹调方法的选择等，采用合理的烹饪来减少营养物质的损失，烹调出营养、卫生并具有膳食美感的膳食。

第三节　学习烹饪化学的方法

烹饪化学是结合无机化学、有机化学、生物化学等课程的一门基础课程，也是烹饪专业中重要的一门基础理论课，它是后续课程，如烹饪工艺学、面点工艺学、烹饪营养学和烹饪卫生学的基础课程。通过对烹饪化学的学习，掌握烹饪中的基本原理和规律，从化学的角度来探讨烹饪中的诸多现象，学会理解和分析烹饪过程中的变化，找到烹饪中复杂的科学机理；更重要的是用合理的化学理论来指导烹饪过程，为烹饪技术提高提供必要的理论基础。

1. 熟练掌握物质的结构、理化性质等基础知识

烹饪的对象是各种不同的食物原料，烹饪过程绝大多数是将食物原料由"生"变"熟"的过程，在这一过程中，其实质在于其中各种物质的变化。因此，对于物质的结构、理化性质的熟悉掌握是非常必要的。学习烹饪化学的首要任务就是熟练掌握各种物质的基本结构、性质。

2. 学会应用化学知识解释烹饪过程中的各种现象

烹饪化学的理论建立在化学以及烹调实践的基础之上，同时这套理论可以帮助我们合理地解释烹饪过程中的各种现象，它们相辅相成，不断提高。例如，如何解释鸡蛋煮熟会凝固；瘦肉加热会变色；又用什么样化学理论来解释食物在烹饪过程中色、香、味、形的变化。为什么冷水面团可以具有很好的筋性、韧性、延伸性，而热水面团却筋性差，但是却有较好的可塑性？为什么油酥面可以做成酥脆可口的千层酥？这些奇妙的变化都需要我们用化学知识来解释它们，来认识这些现象背后的秘密。

3. 学会用化学知识来指导烹饪技术及其创新

我们除了学会用基本的化学理论来解释发生在烹饪过程中食物的变化之外，还要学会在此基础上的烹饪技术的创新研究。例如，干货原料的涨发是利用了蛋白质吸水膨胀的性质，但是在实际操作中，通常会因水温、时间、水量控制不当等因素造成涨发的失败，那么如何找到不同原料涨发的最佳条件，这时需要我们用化学知识加以指导；另外，我们还可以利用物质的特殊性质进行烹饪技术的创新，淀粉的老化现象通常是我们要避免的，但是却可利用这个性质来制作新的食品，如粉条、虾片等。

4. 勤学、勤发现

学习任何一门课程都离不开勤奋、主动地学习，烹饪化学也不例外。烹饪化学有较多的理论知识、缜密的科学原理，在够用和实用的前提下，我们要认真、主动地学习，不能有排斥的心态，激发我们学习的热情和钻研科学的精神；并且更为关键的是在学习过程中，要善于思考、发现问题，并学会用正确的方法解决问题；积极地使理论联系实践，勤于发现，使所学知识能在实际中体验和验证。这些才是作为新一代烹饪工作者应具备的专业精神。

本 章 小 结

烹饪是对食物原料进行热加工，将生的食物原料加工成熟的过程，包括原料选择、加工切配、风味调制、制熟方式、食品保健等内容。烹饪过程是烹饪原料发生变化的过程，由不可食状态变成可食状态，看似简单的变化中，却发生着复杂的、微观的化学变化。

烹饪化学就是从化学的角度来探讨烹饪现象和本质的科学。

烹饪化学研究的对象包括：各类的原料和加工出的成品。

烹饪化学研究的内容包括：研究烹饪原料各种化学成分的结构、物理性质、化学性质以及对形成和保持食品的感官及营养价值所起的作用；研究烹饪加工过程中原料间的相互作用规律，并加以合理的利用和控制；研究形成和保持烹饪制品的色、香、味、形的基本知识；研究用合理烹饪来减少营养成分损失，提高使用价值或营养成分。

烹饪化学的学习对烹饪专业的重要性是不言而喻的，如何学好烹饪化学，要努力做到以下方面：熟练掌握物质的结构、理化性质等基础知识；学会应用化学知识解释烹饪过程中的各种现象；学会用化学知识来指导烹饪技术及其创新；勤学、勤发现。

思考题

1. 什么叫烹饪化学？
2. 简述烹饪化学可以解决哪些问题。
3. 谈谈你将如何学好烹饪化学。

第二章 水

【学习目标】
1. 了解食物中水的存在形式、结构和性质。
2. 掌握水分活度的意义及其应用。
3. 掌握水分在烹饪过程中的变化及控制。

第一节 水 的 概 述

水是一切生命活动所必需的物质，没有水就没有生命。水是人体中含量最多的成分，约占人体的 2/3 以上，在生物体内具有重要的生理功能。

大多数烹饪原料都含有大量的水分，尤其是新鲜的原料含水量更高，水果、蔬菜的含水量可达到 90%～95%，肉、鱼、虾、乳、蛋等也含有大量的水。含水量的高低和水分的存在状态，不仅对原料的品质（如新鲜度、硬度、脆度、光滑度等）起着重要的作用，而且对原料的营养价值和保藏能力有很大的影响，具体情况可参见表 2-1。

表 2-1 自然含水量对烹饪原料的影响

对原料的影响	含水量多	含水量少
新鲜度	新鲜	萎蔫
硬度	强	弱
脆度	脆	软
光滑度	光滑	粗糙
营养价值	相对较高	相对较低
保藏能力	容易腐败，不易保藏	相对保藏期较长
适宜烹调方法	适宜使用旺火速成的烹调方法，如爆、炒等	适宜使用中小火长时间加热的烹调方法，如烧、炖等

水分在烹饪原料中会因蒸发而散失，可以被微生物利用，会影响原料的腐败变质，同时也会对食物的风味存在影响，所以要注意控制好烹饪原料的含水量。

一、水的结构和重要性质

（一）水的结构

水分子是由一个氧原子和两个氢原子组成的，其化学式为 H_2O。氧原子受到 4 个电子对包围，其中有两个与氢原子共享形成两个共价单键，称为成键电子对；剩下的就是由氧原子提供的两个电子对，由于不参与共价键的形成，所以叫做孤对电子。其结果如图 2-1 所示。

由于电子对之间的斥力不同，其中以孤对电子间的斥力最大，在两对孤对电子的压迫下，造成了水分子的"V"形结构。如图 2-2 所示。在水分子的结构中，氧原子和两个氢原子形成一个夹角为 104.5°的共价键。这种"V"形结构使水分子正负电荷向两端集中，氧原子一端带负电荷，呈阴性，而氢原子一端带正电荷，呈阳性。氢原子与氧原子之间形成的共价键是极性的，因此水是极性分子，它能溶解离子化合物和极性化合物。

极性使得水分子之间存在氢键，如图 2-3 所示。在液态水中，水分子中的氢原子有较强的正电性，容易被另一个水分子中的氧原子上的孤对电子所吸引而形成氢键，使水分子彼此缔合起来，而形成（H_2O）$_n$ 水分子团。水分子的缔合与水的温度有关，温度越低缔合程度越大。在 0℃时全部的水分子缔合在一起形成一个巨大的分子团，我们冬天看到的冰块就是这样形成的，其实冰结晶就是水分子按一定的排列方式靠氢键连接在一起的结构。

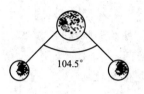

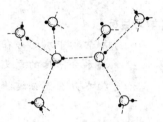

图 2-1　H_2O 分子电子
分布示意图

图 2-2　水分子结构图

图 2-3　水分子的氢键
（虚线表示氢键）示意图

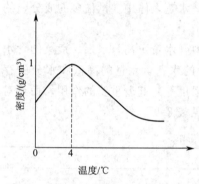

图 2-4　不同温度下水的密度曲线图

（二）水的物理性质

在常温、常压下，纯净的水是没有颜色、没有味道、没有气味的、透明的液体。在 101.3kPa 的压强下，水的凝固点（熔点）为 0.00℃，沸点为 100.00℃。水的密度比较特殊。在 0～4℃随着温度的升高密度不是减小而是增大，0℃时为 0.999841g/cm^3，到 4℃时达到最大值为 1.000000g/cm^3，4℃以后和一般物质一样随温度升高而逐渐减小。不同温度下水密度的变化规律如图 2-4 所示。

为了全面地了解水的性质，我们还要了解一下常温、常压下水的一些物理常数，具体如表 2-2 所示。

表 2-2　水的物理常数

参数	相对分子质量	熔点	沸点	熔化热(0℃)	蒸发热(100℃)	升华热(0℃)
数值	18.015	0.000℃	100.000℃	6.012kJ/mol	40.63kJ/mol	50.91kJ/mol

从表中数据不难看出：水具有异常高的熔点、沸点，比蛋白质变性的温度高得多，由此可见，水可以作为一种很好的传热介质，有助于将很多烹饪原料加热成熟，同时也为烧、煮、烩、炖、焖、煨、焐等水烹方法奠定了良好的基础。水的熔化热、蒸发热和升华热也特别大，这就意味着冰融化成水的过程中要吸收大量的热能，非常有利于对海鲜的冷藏保鲜和暴冰保鲜；同时也意味着蒸汽冷凝成水的过程中会释放出很大的热量，这种热量不仅可以使烹饪原料成熟，为汽蒸的烹调方法奠定了基础，而且这种烹调方法对原料的鲜味成分和营养成分都具有良好的保护作用，所以一般情况下，高档原料或鲜味比较足的原料都采用汽蒸烹调法来加工。

水具有特别大的表面张力、介电常数、热容及相变热，表现出异常的膨胀特性。水的密度较低，在 4℃时密度最大为 1.000000g/cm^3。水在凝固时体积会增大，水结成冰时的体积大约增大 9％左右。这种现象容易导致水果蔬菜或动物肌肉细胞组织在冻结贮存时挤压被破坏，解冻后会导致汁液流失、组织溃烂、滋味改变。因此在合理贮藏、保管和运输的过程中要特别注意对原料的包藏，避免使新鲜原料受冻而影响品质。

（三）水的化学性质

水的化学性质非常活泼，它可以和许多活泼的金属及金属氧化物发生化学反应，也能和许多非金属及非金属氧化物发生化学反应。如金属灶具的锈蚀，在很大程度上都与水有关系，在水或水蒸气的作用下，许多金属灶具极容易锈蚀。水的溶解过程并非都是物理过程，溶剂水和溶质之间也会发生化学作用。如在烹调过程中，三大热能营养素（碳水化合物、脂类、蛋白质）会发生不同程度的水解反应，这非常有利于人体对食物的消化吸收。

二、烹饪原料中的水分

（一）水在生物体内的分布

水是生物体最基本的组成成分，动植物性烹饪原料在生鲜状态下都含有一定量的水分，但不同种类的生物体，其含水量有所差异，一般来说，大多数生物体的含水量为60%～80%，也有一些原料的含水量可高达98%左右，如海蜇等。有些原料即使属于同一种生物体的肌肉，其含水量也因生长年龄的不同而存在差异性，比如小鸡肌肉的含水量就比老鸡的多，另外，水在同一种生物体内不同部位之间分布也是不均匀的，比如动物性原料的肌肉、脏器、血液中的含水量最高，为70%～80%；皮肤里含水量次之，为60%～70%；骨骼的含水量最低，为12%～15%。对于植物性烹饪原料来说，不同品种之间，同种植物不同的组织、部位之间，同种植物不同的成熟度之间，在水分含量上都存在着较大的差异。一般来说，叶菜类较根茎类含水量要高得多；营养器官（如植物的叶、茎、根）含水量较高，通常为70%～90%；繁殖器官（如植物的种子）含水量较低，通常只有12%～15%。烹饪中常用的一些食物原料含水量可参见表2-3所示。

表2-3　常见烹饪原料的含水量

食物	含水量/%	食物	含水量/%	食物	含水量/%
猪肉	53～60	蔬菜	85～97	面包	35
牛肉	50～70	野菜	87～94	果酱	28
鸡肉	74	蘑菇	88～95	面粉	8～12
羊肉	58～70	豆类（干）	12～15	奶酪	37
内脏	72	薯类	60～80	蜂蜜	2
鱼	67～81	香蕉	75	奶油	16
贝	72～86	苹果	85	奶粉	4
卵	73～75	梨	85～90	稀奶油	53.6
乳	87～89	草莓	90～95	油料种子	3～4

（二）烹饪原料中水分的存在状态

水分在烹饪原料中存在两种不同的状态，即结合水和体相水，它们具有不同的物理特性、化学特性及生物活性，在很大程度上决定着烹饪原料的性质。在我们所用的烹饪原料中，如新鲜叶菜、瓜果类被切后，组织细胞被破坏，水分便会流出来，而含水分较高的肉类再怎么挤压也出不了水。这就说明水分在烹饪原料中的存在状态不同。

1. 结合水

烹饪原料中的糖类、蛋白质都含有大量的亲水基团，如—OH、—COOH、—NH_2、—$CONH_2$等，这些亲水基团中的氧原子和氢原子很容易与水分子中的氢原子和氧原子形成牢固的氢键，从而与水分子发生水合作用。除此之外，这些官能团还能通过静电引力而发生水合作用，这种作用的结果是：使得这部分水受到一定的束缚，在一般情况下，这部分水很难从食物中逃逸出来，因此这些水被称为"束缚水"，也叫"结合水"或"化合水"。

结合水通常可分为 4 种：即构成水、邻近水、多层水、微毛细管水。

构成水是指与烹饪原料中其他亲水基团结合最紧密的那部分水，并与非水物质构成一个整体。

邻近水是指亲水物质的强亲水基团周围缔合的单层水分子膜，它与非水成分主要依靠水-离子、水-偶极强氢键缔合作用结合在一起。

多层水是指单分子水化膜外围绕亲水基团形成的另外几层水，主要依靠水-水氢键缔合在一起。虽然多层水亲水基团的结合强度不如邻近水，但由于它们与亲水物质靠得足够近，以至于性质也大大不同于纯水的性质。

微毛细管水是指存在于一些细胞壁中的微毛细管（毛细管半径小于 $0.1\mu m$）中的水，由于受微毛细管的物理限制作用，被强烈束缚，也属于结合水的范畴。

烹饪原料中的结合水主要是被原料中的极性基团所束缚，结合水的含量与原料中的极性基团的数量成正比。据测定，1g 蛋白质可结合 0.3～0.5g 的水；1g 淀粉能结合 0.3～0.4g 水。结合水的特点是冰点低于 0℃，甚至在 −40℃时不结冰，不易流失，不易蒸发除去，不参与化学和生物化学反应，也不被微生物利用，又称不可利用水。虽然烹饪原料中结合水的含量不高，但对食品的口感和风味有很大影响，当结合水被强行与食物分离时，食物的风味和质量将会发生很大改变。

2. 体相水

烹饪原料中的体相水通常可分为游离水和截留水两种。游离水是指在烹饪原料中可以自由流动的那部分水。而截留水是指被物理作用截留在细胞内、细胞间隙以及大分子凝胶骨架中的水。体相水可作为溶剂，也可被微生物利用，这部分水在 0℃或略低于 0℃时容易结冰，沸点在 100℃左右，具有良好的生物活性和化学活性。在鲜活的动植物原料中，这部分水的含量很大。当体相水大部分失去时，蔬菜、水果就会发生萎蔫现象；相反，如果动物性原料的体相水含量充足的话，原料则显得非常鲜嫩；如果植物性原料的体相水含量充足的话，原料则显得非常新鲜、脆嫩。从这个意义上来说，原料中体相水的含量指标也是我们日常对原料进行选择的重要指标之一。

烹饪原料中的水分绝大部分都属于截留水，截留水的含量往往反映了烹饪原料持水能力的大小，因此它对灌肠、鱼丸、肉饼、果蔬等产品的品质有着直接的影响。当烹饪原料的毛细管半径大于 $1\mu m$ 时，这部分水很容易被挤压出来，原料因此而出现老、韧、萎蔫、不新鲜等现象。对于生鲜状态下的烹饪原料，又因为其毛细管半径大都在 $10～100\mu m$，所以很容易造成汁液的流失。如用冷冻方法处理烹饪原料时，特别是那些含水量较高的原料，截留水在结冰后体积增大，冰晶会对烹饪原料产生一定的膨胀压力，从而使组织受到一定的破坏，解冻后组织不能复原，造成汁液的流失从而导致烹饪原料的持水性能下降，直接影响烹饪产品的质量。但是在有些烹饪过程中，我们也可以利用此特点对含水量较大的原料进行部分除水处理，如用蔬菜作饺子馅时，为增加馅心的黏稠度，就需要将多余的水分挤去，也可以用此特点来榨取果汁和蔬菜汁等。

第二节 水 分 活 度

一、水分活度的定义和表示方法

烹饪原料在长期贮藏过程中会发生劣变，其易腐性与它的含水量之间有着密切的关系。

如通过脱水干燥的木耳、香菇、海参等烹饪原料，可以有效地除去水分（体相水），延长其贮藏期。但是含水量相同的烹饪原料，贮藏期也有很大的差别。这是因为烹饪原料中的水分存在状态不同，在烹饪原料腐败变质过程中所起的作用也不同。所以我们需要找到一个可以定量地反映烹饪原料中水分存在状态的指标。水分活度正是这样一个指标。

（一）水分活度的定义

水分活度也称水分活性，通常用 A_W 表示，是指在一定条件下，在一密闭容器中，烹饪原料中水分的饱和蒸气分压（p）与同条件下纯水的饱和蒸气压（p_0）的比值。

（二）水分活度的表示方法

1. 水分活度的定义表达式

可用下式来表示：

$$A_W = \frac{p}{p_0}$$

式中，p 和 p_0 分别为烹饪原料中水分的蒸气压和纯水的蒸气压。对于纯水来说，因 $p = p_0$，故水分活度 A_W 为 1；当烹饪原料为绝对干货原料时，含水量为 0，则 p 值为 0，水分活度 A_W 的值也为 0。一般情况下，烹饪原料都是具有不同水分含量的物质，含水量在 0～100%，所以水分活度值在 0～1。常见原料的水分活度如表 2-4 所示。

表 2-4　不同烹饪原料的水分活度

原料名称	含水量/%	水分活度	原料名称	含水量/%	水分活度
鱼	70～80	0.97	新鲜蔬菜	90	0.98
肉	70～80	0.95	水果	92	0.97
禽	70～80	0.96	干果	30～40	0.75
蛋	70～80	0.97	动物性干货原料	5～10	0.4～0.5
海蜇	98	0.98	植物性干货原料	4 以下	0.3～0.5

从表中数据看出：原料中水分的含量虽然与水分活度有一定的联系，但绝不是成正比例关系，造成这种结果的原因很多，其中较为重要的是原料中体相水和自由水的比例不一样，可溶解于水的物质含量也不一样。

2. 拉乌尔定律的数学表达式

$$p = p_0 x$$

$$A_W = \frac{p}{p_0} = x = \frac{n_1}{n_1 + n_2}$$

式中，x 为溶液中溶剂的摩尔分数；n_1 为溶液中溶剂的物质的量；n_2 为溶液中溶质的物质的量。这说明烹饪原料的水分活度与其组成有关。烹饪原料含水量越大，水分活度越高；反之，含亲水性的非水物质越少，烹饪原料的水分活度越高。

3. 利用环境的相对湿度（RH）表达式

$$A_W = \frac{RH}{100}$$

用这种方法计算水分活度时，要求烹饪原料中的水分与外界环境中水分的饱和蒸气压保持平衡。当烹饪原料处在流通过程中，其相对湿度对水分活度有很大的影响，即当烹饪原料的水分活度乘以 100，其值比环境的相对湿度低的情况下，烹饪原料在流通过程中吸湿。如在梅雨季节，因为空气湿度很大，干燥食品极易吸湿、发霉。相反，高水分活度食品在低湿度下放置，水分活度也会下降。如新鲜的蔬菜，在低湿度条件下容易发生萎蔫现象。

二、水分活度的意义和应用

根据前面的论述，在大多数情况下水分活度与烹饪原料的贮藏有很大的关系。在一定的水分活度下，烹饪原料及其产品不容易发生劣变；而在一定的水分活度之上，烹饪原料及其产品容易发生劣变。因此，为了使原料的贮藏期相对较长，我们应当采取一定的措施，来调节和控制烹饪过程中的水分活度。

（一）水分活度的意义

1. 能有效控制微生物的生长繁殖

微生物的生长发育及新陈代谢离不开水分，不同的微生物在食品中繁殖时对水分活度的要求不同。微生物的生长繁殖都需要一个最低的水分活度作为保障，如果低于这个数值，相应的微生物就不能正常生长。表 2-5 为各类微生物生长所要求的最低水分活度。

表 2-5　各种微生物生长所要求的最低水分活度

微生物	细菌	酵母菌	霉菌	嗜盐细菌	干性霉菌	耐渗透压酵母菌
水分活度	0.91	0.88	0.80	0.75	0.61	0.62

从上表数据可以看出，水分活度在 0.91 以上时，细菌的生长发育能力显著增强，这时微生物的繁殖以细菌为主；当水分活度降到 0.91 以下时，一般细菌的生长抑制，而霉菌和酵母菌仍能旺盛的生长；当在烹饪原料中加入食盐或食糖后，因渗透压的增大而导致水分活度下降，在这种情况下，一般细菌不能生长，但嗜盐菌却能生长，也会造成食品的腐败；在水分活度比较低但糖分较高的食品中，常见的腐败菌是耐渗透压的酵母菌，如水分活度在 0.80 以下时，糖浆、蜂蜜和浓缩果汁的败坏主要就是由酵母菌引起的。

在研究水分活度与微生物的关系时，了解食物中病原微生物生长的最低水分活度也是非常重要的。食物中重要的病原微生物生长的最低水分活度在 0.86～0.97，如致死率较高的肉毒杆菌生长的最低水分活度在 0.93～0.97，所以，对于真空包装的水产品和畜产加工制品，流通标准规定其水分活度要在 0.94 以下。

2. 影响酶的活性

酶是各种生物化学反应的催化剂，酶催化的酶促反应一般都要有水参与，因此水分活度与酶的催化性能有很大的关系。当水分活度小于 0.85 时，酶大部分失去催化性能，如多酚氧化酶和过氧化物酶、维生素 C 氧化酶、淀粉酶等。但是，即使水分活度在 0.1～0.3 这样的情况下，导致脂肪变质的脂酶仍能保持较强活力。例如，在 30℃ 的贮藏条件下，大麦粉和卵磷脂的混合物在较低的水分活度下基本上不发生酶解；当贮藏 48d 后，水分活度上升到 0.70 时，脂酶水解速率迅速提高。

3. 影响化学反应速率

烹饪原料及产品在常温下的化学反应速率与水分活度有着密切的关系，主要是受到其化学组成、物理状态和组织结构的影响，同时也会受到空气组成（特别是氧气的浓度）、温度等因素的影响。烹饪原料中色素的稳定性也与水分活度有关，常见的色素是脂溶性的色素，如绿色蔬菜中的叶绿素和橙色果蔬、鱼虾中的类胡萝卜素等，一般来说，这类色素在低水分活度下相对稳定，尤其是叶绿素，表现为水分活度越低，其稳定性越高。

需要说明的是，在水分活度为 0.7～0.9 时，烹饪原料及产品的一些重要反应，如脂类的氧化反应、美拉德反应、维生素的分解反应等反应速率都能达到最大值。而当水分活度进一步增大到 0.9 时，这些化学反应速率大都呈下降趋势。这可能是因为这些化学反应的产物都有水，而增加水分的含量将对反应的产物造成一定程度的抑制作用，也有可能是因为水分的稀释作用使得这些反应的速率有所减慢。

将去皮或切碎的烹饪原料浸泡在水中，起到隔绝空气的作用，这样可以在短时间内保存烹饪原料。但是，这时水分活度较高，微生物和酶的作用增强了，烹饪原料的腐败变质仍然不会停止。

4. 影响食品的质构

所谓质构是指由人的触觉所感知的各种综合效应，最常应用的质构就是口感。水分活度对于食品的质构有着很大的影响，通常可以直观地感受到。研究表明，肉制品韧性的增加可能与高水分活度下发生的化学反应有关，人们发现，在水分活度为 0.4～0.5 时，冻干牛肉的硬度及耐嚼性最大；增加水分含量，肉干的硬度及耐嚼性都降低。另外，对于一些酥松香脆的食品，如脆饼干、爆玉米花及油炸土豆片等，要想达到理想的质构效果，都需要使产品具有相当低的水分活度。要保持住干燥食品的理想质构，水分活度不能超过 0.3～0.5。对含水量较高的食品（蛋糕、面包、火腿、牛肉、豌豆等），为避免失水变硬，获得更令人满意的食物质构，需要保持有相当高的水分活度。

（二）水分活度的控制及应用

烹饪原料的水分活度与其腐败变质有很大的关系，我们可以通过控制水分活度，从而保持烹饪原料的营养价值和食用价值，延长原料的贮藏期和食品的货架期。

一般情况下，水分活度在 0.85 以上的食品含水量较大，要求冷藏或其他措施控制病原体生长，如大部分生肉、水果和蔬菜属于水分较高的食品。水分活度为 0.60～0.85 的食品为中等水分食品，这些食品不需要冷藏控制病原体，但由于主要酵母菌和霉菌引起的腐败，要有一个限定货架期。对于大部分水分活度在 0.6 以下的食品，有较长的货架期，而且也不需要冷藏，这些食品被称为低水分食品。为了防止产生黄曲霉毒素，最好将桃仁、果仁、谷物贮藏在密封和干燥的地方，贮藏过程中最有效的控制措施就是防潮，防潮的根本原因就是粮食、干果等的水分活度控制在 0.70 以下。

对于一些干货原料来讲，水分活度一般应控制在 0.3～0.5 比较合适，如果水分活度比较高的话，则干货原料容易受潮或发霉，不容易保藏；如果水分活度控制得太低，又会导致干货原料在涨发过程中因水分的汽化压力不够大而发生僵化现象。

对于一些季节性强、不易存放的原料，可以采用降低水分活度的方法来进行贮藏，因为在较低的水分活度条件下烹饪原料的贮藏性较好。可以利用浓缩、脱水干燥法除去烹饪原料中的部分水分，如晒干、风干、烘干、烟熏、蒸发、糖渍、盐渍等。一些烹饪原料具有一定的持水性能，往往水分活度较高，也可采用适当的包装材料来进行控制。

第三节　烹饪加工中水分的变化及控制

烹饪原料中的水分有结合水与体相水两种。其中结合水相对来说比较稳定，不能作为溶剂，也不能被微生物利用。而体相水则不然，会随着条件的改变而发生变化。如烹饪原料在不同的环境条件下加工贮藏，水分会蒸发散失，可以被微生物利用，与食品腐败变质有关，这些变化对烹饪原料及菜肴的风味、质量有很大的影响。

一、水分在烹饪中的作用

水在菜肴烹调过程中发挥着重要的作用,主要体现在以下几个方面。

(一)漂洗作用

在烹饪原料初加工中,洗涤原料时不论采取何种洗法,水都是必不可少的物质。

水不仅可以去除原料表面的污秽杂质和原料内部的血色异味,而且还能清除部分附着在原料表面的微生物。如果洗涤不当,原料会损失相当部分的水溶性营养素和风味物质。如淘米时,若用水不停地冲洗、反复换水或筛滤,可使维生素损失 20%～60%、无机盐损失 70%、蛋白质损失 16%、碳水化合物损失 2%。蔬菜切后再洗,大量的水溶性维生素和无机盐会从刀口处流失,因此在加工蔬菜时应该先洗后切。肉类原料如果洗得过分,会导致脂肪、蛋白质、无机盐、含氮有机物等成分的损失,因而严重影响肉类的营养价值和鲜美滋味。

(二)溶解作用

常温下水为液态,黏度较小,具有很强的溶解性能,能够溶解各种无机物及部分相对分子质量较低的有机物质。食品中的许多物质都可溶解或分散在水中。这些物质包括营养物质和风味物质,以及各种异味和有害物质。在烹饪过程中,利用水的溶解性及分散能力,可使食物产生人们所期望的变化,如制作味道鲜美的汤菜;削弱甚至清除一些不利的变化因素,如通过浸漂、焯水等方法可以去除部分原料中的苦涩异味,从而赋予菜肴以美味。

烹饪过程中原料内各种成分发生的大部分物理变化和化学变化都是在水溶液中或在水的参与下发生的。水分子在高温作用下,能加快物质反应速率、增强渗透能力,把原料内部的一些物质加以溶解,使原料去腥增香,增加风味的表达。烹饪中的制汤就是利用水具有良好的溶解能力和分散能力,把新鲜味美的动物性原料和水共煮,使原料中的呈味物质溶解或分散在水中,成为美味的鲜汤。

原料中有些不受欢迎的苦味物质和有害物质,能在水中溶解或被水解破坏。利用这个原理,烹饪中常用水浸泡或焯水来将其去除。同时,有些对人体有益的物质,同样也能被水溶解,烹饪过程中要尽可能减少此类物质的损失。

(三)分散作用

水具有较强的亲和力,能将许多物质均匀的分散开来,可将一些大分子物质(如蛋白质、淀粉)以胶体的形式分散在水中。烹调过程中的上浆、勾芡也是利用水将大分子淀粉颗粒分散开来,以便于在受热时能均匀地糊化;烹饪中常使用的各种调味品,如盐、味精、料酒、食醋、酱油等都是依靠水作为分散介质,将各种风味物质分散到菜肴中,使菜肴充分入味;另外在烹调过程中使用的各种调味品也只有以水或汤汁作为分散介质,才能使各自互相溶解,经过烹调融合以后才能形成特有的风味。

(四)浸润作用

水分子较小,并且具有很强的极性,在烹饪过程之中它能充分地浸润到食物的组织内部,使各种食物成分能够很好地结合在一起,形成一个比较牢固的组织结构。比如用冷水调制面团时,就是利用水对蛋白质颗粒的浸润作用使蛋白质充分溶胀,再通过一定的加工手法,如揉、搓等,使蛋白质形成牢固的面筋网络结构。用热水调制面团时,也是利用热水对淀粉颗粒的浸润作用,并且在温度的作用下使蛋白质变性、淀粉糊化,经过揉、搓以后使面团具有一定的黏性和可塑性。

（五）传热作用

水的沸点高、热容量大、导热性能也非常好，是烹饪中最重要、最理想的传热介质之一，通过水的传热，可以使食物原料中的腐败菌和病原菌被杀灭，并能使原料成熟，又可使烹饪原料中的蛋白质适度变性、淀粉糊化、结缔组织及植物纤维组织软化，有利于食物的咀嚼及营养成分的消化和吸收，使食物原料产生"或酥或嫩，或脆或软"的质感，成为色、香、味、形俱佳的菜肴。

烹饪中单独用水作为导热介质的烹调方法很多，如"烧"、"煮"、"烩"、"氽"、"涮"、"炖"、"焖"、"煨"、"焐"等。煮、涮、氽一般是将原料加工成细小的形状，或者在原料表面剞上花刀，借助于水沸腾时（100℃）的高温，短时间内使原料成熟的方法，该法烹制的菜肴往往具有鲜嫩、爽脆的质感，对原料内的营养素保持也比较好，例如"水煮牛肉"、"氽腰片"、"涮羊肉""榨菜肉丝汤"等。烧、炖、煨等方法则主要针对那些质地老、硬、韧的原料，如老母鸡、蹄筋、黄豆之类，通过该法加工能使这些原料在火力的长时间作用下达到"肉质酥烂，汤汁肥浓醇厚"的效果。在加热过程中，水慢慢地渗入这些原料的内部，渗进去的水分是带着热量的，把原料内部的某些物质加以溶解和融合，不仅使原料的内部组织达到"软化、松散、酥烂、组织结构改变"的效果，而且还使各种呈味物质之间互相融合，使菜肴形成良好的风味。

二、食物原料在烹调中水分的变化

食物原料在烹调加工过程中，水分要发生一系列变化，其中原料水分的增减以及水的存在状态都直接影响到食物的质感。

（一）水分变化对原料品质的影响

烹饪原料的含水量及水分的存在状态与原料的感官品质和内在质量有着密切的关系。它对于食物的新鲜度、硬度、脆度、黏度、韧度和表面的光滑度等都具有很大的影响。如瓜果、蔬菜的含水量与其新鲜度、硬度及脆感有关，含水量充足的，细胞饱满，膨胀压力大，脆性好，食用时有脆嫩、爽口的感觉；如果含水量不足，细胞膨压降低、水解酶活性增强，果胶类物质分解，果蔬硬度下降，外观表现为萎蔫，口感由脆变软。肉及肉制品的含水量与其鲜嫩度、黏度及弹性都密切相关。新鲜的猪肉持水性较好，外表微干或微湿润，不粘手，用手指按压后凹陷会立即恢复；如含水量不足，水分蒸发导致肌蛋白变性收缩，肉质坚硬难吃。奶油及人造奶油中的水使其具有滑润的口感，可用来制作奶昔、蛋糕、冰淇淋等。含油果仁脱水后会变得酥脆、浓香。同一种烹饪原料，如果含水量稍有差别，也会导致品质上的很大差异。例如豆腐的老嫩之分就是因为含水量的不同造成的，老豆腐含水量为85％，嫩豆腐的含水量则为90％。

（二）食物在烹饪中水分的变化

由于食物的质感与含水量具有密切的关系，所以在烹饪中必须善于控制食物的含水量，使制作成的菜肴的成品符合人们对质感的要求。

要达到控制食物含水量的目的，我们首先要对烹饪原料的失水原因有一个正确的认识。通常情况下，原料在烹饪过程中往往会由于如下几个原因，使其中的水分发生部分流失。

1. 蛋白质脱水

原料在加热过程中，由于蛋白质受热变性，破坏了原来的空间结构，导致其持水能力下降，引起水分流失而脱水。如肉类煮熟后，体积缩小、重量减轻，这就是因为蛋白质脱水而造成的水分流失。

2. 渗透出水

原料在烹调过程中要添加多种调味料，这些调味料溶解于汤汁中或进入原料内部。如炒菜时加盐，煮鱼时加料酒、酱油和醋等，这些调味品就在原料及其细胞周围形成了一个高渗透压的环境，其渗透压如果大于原料内部水溶液的渗透压，原料里的水分就会向外渗透而溢出，导致原料中水分流失。例如盐腌萝卜干时，在萝卜周围会出现大量的水分；再比如菜炒好、肉炖熟后，会在菜肴周围产生一定的汤汁，这些都是因为渗透压的作用而使原料脱水的原因，原料脱水的同时也带来体积的缩小。

3. 水分挥发

原料中的自由水在烹制加热过程中，吸收了大量的热量，当吸收的热量达到水分汽化时所需要的热量时，或者说当自由水达到汽化温度时，原料中的自由水就会由液态逐渐地变为气态，液态水就变成水蒸气而挥发出去，导致原料中含水量下降。如果热处理的时间短，汽化现象仅仅发生在原料的表面，而食物原料内部的水没有汽化，仍然保留在原料内部，这也是目前烹饪中所要追寻的理想目标之一。

4. 脱水收缩

在一定的条件下，水分子能够分散在高分子的网络结构中，例如在调制面团时，水分子被蛋白质吸收在网络结构中，形成面筋网络结构，并使蛋白质吸水以后发生体积膨胀的现象。但在一些因素条件下，也会使这种高分子网络结构紧缩，总体积缩短，并把滞留与网状空间中的水分挤压出来。如蛋白质凝胶（即水分子分散在蛋白质中一种胶体状态），这种凝胶在放置过程中，会逐渐渗出微小的液滴，即水分子，同时伴随凝胶体积缩小现象的发生，这种现象在化学中称为"脱水收缩"。经过脱水收缩以后，水分子脱离蛋白质网络而流失，导致烹饪原料中的含水量降低。如水豆腐中水会自动渗出就是其中的一个例子。

在烹调中，有些菜肴需要原料保持原有的水分才能鲜美可口；而有些菜肴则需要将原料中的水分除去一部分以后，才能形成具有独特风味的佳肴。由此可见，控制好食物中水分的变化，对菜肴质量和风味有着重要的作用。

三、烹饪原料中水分的控制

（一）合理进行低温烹饪

某些烹饪原料如在高温条件下进行烹调，由于蛋白质变性、自由水剧烈汽化等原因而使原料的持水能力下降，因此针对这些原料，如富含蛋白质的原料，在基本保证卫生的前提下应该考虑采用低温的烹调方法。因为蛋白质在高温条件下，蛋白质变性，持水性能下降，肉质地由嫩变老。如果在低温情况下进行烹调，既能使食物原料成熟，同时又能很好地保持原料的持水性能，例如，"白斩鸡"的制作中采用了"卤浸"的烹调方法，其主要目的就是让原料在90℃左右的低温条件下逐渐成熟，同时又能保持鸡肉良好的持水性，否则，如果温度过高，鸡肉蛋白则会随温度的上升而逐渐发生变性，鸡肉的持水性能下降，导致菜肴的口感老韧而且很粗糙。

（二）焯水

焯水就是把原料放在水锅中进行加热的一种预熟加工方法，其中又可分为冷水锅焯水和热水锅焯水两种方法，冷水锅焯水主要是针对蔬菜的根、茎和血渍重、异味强的牛肉、羊肉、狗肉、兔肉、蹄髈等原料的，焯水时需要将原料与冷水一同下锅进行加热，待水烧开以后，打去浮末，用冷水洗净即可；热水锅焯水主要是针对鲜嫩的蔬菜和腥味较小的禽肉、鱼肉、猪肉、贝肉等，焯水时要将水先烧开，然后再将原料投入锅中一同加热，待原料断生后立即捞入冷水中浸凉。不管采用哪一种焯水方法，都是把原料放在水锅中加热断生以后再捞出的一种水锅预熟方法。其根本目的就是通过水锅的预熟处理，一方面达到去除异味和杂质、缩短正式烹调时间的目的，另一方面达到保持食品水分的目的，通过水锅的短时间作用首先使食品原料表面所含的蛋白质凝固，形成一层保护层，不让或少让原料内的水分和可溶性物质外溢，从而保持食品的鲜美风味。经过焯水的原料再经过烹调制成的菜肴不仅色泽鲜艳，而且口感脆嫩。

（三）上浆挂糊

保护原料中的水分也可以采用上浆、挂糊等着衣加工的方式，即运用蛋、粉、水等原料在菜肴主原料的表面裹上一层具有黏性的保护层（浆或糊），这层保护层经过加热处理以后，其中的淀粉糊化、蛋白质变性，在主原料的外层形成一层具有保护性的膜或壳，犹如为主原料穿上一层外衣，使得原料内部的水分难以外流，同时也阻碍高温瞬时进入原料内部，从而使得原料内部的水分不容易造成流失，这样烹饪出来的菜肴鲜嫩脆香。如果运用旺火热油来烹制菜肴，由于这层保护层的作用，使得烹制而成的菜肴具有脆嫩、滑嫩的质感；如果运用旺火热油来炸制或煎制菜肴，这层保护层在高温油的作用下形成酥脆的外壳，而里面的主原料却保持鲜嫩的状态，这就是烹饪中经常说的"外脆里嫩"的状态。

（四）勾芡

菜肴在烹调过程中，由于蛋白质的变性、高渗透压和蒸发等多种因素的作用而导致烹饪原料在此过程中的失水现象，在菜肴中往往以汤汁的形式体现出来，这些汤汁中含有许多水分、营养物质和风味物质，如果将其盛装在菜肴中势必影响菜肴的感官，如果弃之不用，又势必影响菜肴的风味和营养，针对这种情况，烹饪中常采用勾芡的措施来解决。所谓"勾芡"，就是在菜肴成熟或接近成熟时，将调好的粉芡汁投入菜肴中，使菜肴汁液稠浓，全部或部分黏附于菜肴之上的方法。通过勾芡，一方面可以使食物原料在烹调中外溢的水分充分黏附于菜肴之上，既有营养，又不失风味，而且还可以解决因为汤汁而影响菜肴感官性状的问题；另一方面通过淀粉的糊化、增稠，可以为菜肴起到在短时间内保温的作用；如果在勾芡的过程中再结合一点油脂的话，还可以增加菜肴的光泽度。勾芡这种方法，在菜肴烹制中的使用极为广泛，例如在使用"爆"、"炒"、"熘"、"扒"等烹调方法来烹制菜肴时，一般都要用到勾芡的方法。

（五）原料吃水

烹饪原料的吃水或失水也是常见的现象，就其原因来说大部分来自渗透压，这种现象的一般规律为，自由水总是向着高渗透压的一方流动。例如新鲜的果蔬及肉类原料在常温下用水浸泡时，由于原料内部的渗透压较清水大，所以原料通常表现为吸水现象。盐腌制的萝卜干一般食用前放在冷开水中浸泡以后会变得饱满而脆嫩就是这个道理。

另外，在烹饪中最典型的吃水例子是"肉缔"的制作。因为肉剁碎后，增加了其吸附水的表面积，通过搅拌可使蛋白质的亲水基团充分暴露，更加促进水分的吸收。最后加入适量的盐，可以增加蛋白质表面的电荷和渗透压，使得吸水性进一步加强。一般来说，1斤（500g）肉剁成细茸以后，按照上述操作可以吃到6两（300g）水左右。"肉缔"经过以上加工后，吸收了大量的水分，将其加工成一定的形状，如圆子、丸子、肉饼等，然后放入水锅或油锅氽熟以后，口感特别细嫩鲜美。

（六）旺火速成

原料在烹调加工过程中，随着温度的升高和加热时间的延长，原料中的水分会流失越来越多。这种流失首先是原料表面水分的流失，是表面水分蒸发的结果，其次是原料内部水分的流失，随着加热的进程，原料内部水分子逐渐向外部进行渗透、扩散，但是扩散过程需要一定的时间。旺火速成的烹调方法就是通过高温烹制菜肴，使菜肴在短时间内成熟。虽然这种瞬时高温提高了渗透和扩散的速度，加快了水分的蒸发，但是水分扩散的时间明显缩短，很多的烹饪实践得出：旺火速成的菜肴较小火长时间加热的菜肴来说，水分的流失要少得多。因此，针对含水量较多的烹饪原料，为保持其特有的水分尽可能少的流失，大多可采用旺火速成的烹调方法，如"爆"、"炒"、"余"、"涮"等方法来加工，使水分来不及扩散就成熟了，从而保证了菜肴鲜嫩可口的质感；对于新鲜的，含水量丰富的蔬菜、海鲜一般适合使用这类烹调方法。

本 章 小 结

水在生物体内具有重要的生理功能，是一切生命活动必需的物质。水是生物体最基本的组成成分，动植物性烹饪原料在生鲜状态下都含有一定量的水分。烹饪原料在长期贮藏过程中会发生劣变，其易腐性与它的含水量之间有密切的联系。水分活度是能够反映烹饪原料中的水分存在状态的重要指标。

水分在烹饪原料中存在两种不同的状态，即结合水和体相水，它们具有不同的物理特性、化学特性及生物活性，在很大程度上决定着烹饪原料的性质。其中结合水相对来说比较稳定，不能作为溶剂，也不能被微生物利用。而体相水则不然，会随着条件的改变而发生变化。这些变化对烹饪原料及菜肴的风味、质量有很大的影响。

在食品中水起着溶剂的作用，使蛋白质、淀粉等膨润，形成凝胶，溶解各种物质形成溶液，对食品的品质——鲜度、硬度、呈味性、柔韧性、消化性、保藏性和加工性等均起着重要的作用。烹饪中必须要求掌握水分的变化，控制好烹饪原料的水分含量。

思考题

1. 水分对食品品质存在哪些影响？
2. 对烹调产品质量起作用的是哪部分水，为什么？考虑一下，烹调中哪些操作涉及除水。
3. 简述水分活度的定义、表示方法及意义。
4. 在烹饪原料的贮存过程中控制水分活度的目的是什么？
5. 简述烹饪原料中的水分在烹饪过程中的变化及其控制措施。

第三章 无 机 盐

【学习目标】
1. 了解无机盐的概念和分类。
2. 理解无机盐在烹饪加工过程中所涉及的化学变化过程及其对烹饪原料造成的影响。
3. 掌握烹饪中常用的保护无机盐损失以及促进无机盐吸收利用的方法。

第一节 无机盐概述

一、无机盐的定义

烹饪原料中的无机盐是指除碳、氢、氧、氮4种元素之外的其他所有元素的总称。这些元素除了少量参与有机物的组成外，大多数均以无机盐即电解质的形式存在，也称矿物质，但这种矿物质又不同于普通化学中的矿物质，因为食品经过高温灼烧以后，其中的水分和有机物均以气体形式外溢，而大部分矿物质均形成不挥发的残渣，所以从这个意义上来讲又将其叫做"灰分"。无机盐在人体内不能合成，必须从食物中获得，人体所需的无机盐主要来自于动植物的组织、饮用水和食盐。

无机盐与维生素等有机营养素不一样，除非排泄出体外，否则它们在体内代谢中不能消失，也不能为机体提供能量，但在调节各种生理功能方面有重要意义。

无机盐也是食品中容易迁移和流失的成分，特别是那些水溶性无机盐，容易在食品与环境之间进行迁移，如不锈钢容器、铝容器中的元素镍、铝溶进食品并对食品造成污染，罐头中的锡溶入食品也容易对食品造成污染，因此我们在烹饪过程中不仅要对原料进行合理选择以外，也要对盛器和容器进行合理的选择。

二、无机盐的分类

（一）常量元素和微量元素

目前已经查明，食物中的无机盐元素达60多种。根据在人体内的含量和膳食中需要量的不同，无机盐分为常量元素和微量元素。在人体中含量较多（＞0.01%）、每日膳食需要量在100mg以上的无机盐元素，称为常量元素，包括钙、磷、镁、钠、钾、氯和硫7种。低于上述这一含量的其他元素，称为微量元素，主要有14种，即铁、锌、铜、铬、钴、锰、钼、镍、锡、钒、硒、硅、氟、碘。这14种元素在机体的正常组织中都存在，含量比较固定，缺乏时会导致组织和生理异常，补充后又可恢复正常，属于人体的必需元素。机体对各种无机盐元素都有一个耐受剂量，某些必需的微量元素，当过量摄入时也会对机体产生危害。

（二）酸性元素和碱性元素

根据无机盐元素在人体内生成的氧化物的酸碱性，把无机盐元素分为两类：酸性无机盐元素和碱性无机盐元素。酸性无机盐元素包括非金属元素磷、氯、硫、碘等，含有这些元素及其化合物的食物经过人体消化吸收以后，在人体的内环境中产生相应的酸根离子，使体液呈现不同程度的酸性，因此，又有些人把含有磷、氯、硫、碘等元素的食品称为"酸性食品"，如肉、蛋、鱼以及含磷较多的谷类食品。碱性无机盐元素包括金属元素钠、钙、镁、钾等，含有这些元素及其化合物的食品在人体内氧化或者在水中电离以后生成带有相应阳离子的碱性氧化物或者相应的碱性阳离子，使人体内环境呈现不同程度的碱性，因此又有人把含有这些元素的食品称为"碱性食品"，如蔬菜、水果、大豆及豆制品、茶叶等。这也就是人们通常将食品分为生理酸性食品和生理碱性食品的依据。

三、无机盐的生理酸碱性

正常人体血液的酸碱度在 pH7.36～7.44 范围内，若 pH 低于 7.3 或高于 7.5 时，人体就容易生病，典型的是出现酸中毒或碱中毒症状。这并不是说人体内环境的 pH 稍有变化就立即出现中毒症状，因为人体具有缓冲系统来进行调节，如代谢产生的碱性成分能与体内的 CO_3^{2-} 生成碳酸盐，经过汗液或尿液排出体外；酸性成分在肾中可以与氨反应生成铵盐随尿液排出体外，但如果平时饮食不注意、搭配不合理，内环境的 pH 超出人体缓冲范围，或长时间超出正常值范围，人体就会产生病变或不适应的状况。如果人体长期处于偏酸状态下，儿童容易患钙缺乏症和皮肤病；中年人容易患厌食症、口干舌燥、小便发黄，痛风等病症；老年人容易患高血压、动脉硬化、神经痛等病症。因此，我们在配餐时要特别注意原料的搭配，要注意酸碱食品的搭配比例，具体地说，就是要做到荤素搭配、营养平衡，确保人体内环境的酸碱度。

不同食物原料的酸碱性可参见表 3-1，在具体制定饮食方案时，可根据此表的数据进行合理的搭配。

表 3-1　不同食物原料的酸碱性

酸碱性	食　物　名　称
强酸性	鱿鱼干、鸡蛋黄、乳酪、白糖、柿子、柴鱼等
中酸性	火腿、鸡肉、猪肉、鳗鱼、牛肉、面包、小麦、奶油等
弱酸性	白米、花生、啤酒、油炸豆腐、海苔、泥鳅等
弱碱性	红豆、萝卜、苹果、甘蓝菜、洋葱、豆腐等
中碱性	萝卜干、大豆、胡萝卜、番茄、香蕉、橘子、番瓜、草莓、蛋白、梅干、柠檬、菠菜等
强碱性	葡萄、茶叶、葡萄酒、海带、天然绿藻类

第二节　烹饪原料中的无机盐

一、植物性烹饪原料中的无机盐

植物在生长过程中几乎都是通过根系从土壤中吸取水分和矿物质的，因此植物性烹饪原料中无机盐的成分和含量与土壤和生长环境有着密切的关系。即使是同一品种的植物性原料，其中无机盐的组成和含量也可能因植物生长地区的不同而存在很大的差别，原料往往也因此而形成特色，如烟台的苹果、莱阳的梨、肥城的桃、潍坊的萝卜等都是典型的例子。植物性烹饪原料中的无机盐大部分都与植物中的有机物结合存在，或者本身就是有机物的组成成分，而不以游离的形式存在。

植物性烹饪原料中无机盐的平均含量约为干重的 5%，其中以叶菜类所含无机盐量最多，可达干重的 10%～15%。果蔬是人体所需各种无机盐的主要来源，尤其蔬菜中无机盐含量更高。果蔬中无机盐的组成、含量与果蔬的质量及耐贮性有着密切的关系。果蔬中含钾特别丰富，尤以根茎类蔬菜含量最高，茎和叶中含钙较多，种子含磷最多，大多数果蔬中都含铁，但是吸收利用率很低。

谷物中的无机盐分布不均匀，主要存在于谷皮、糊粉层和胚中。以大米为例，糙米是指脱去谷皮，保留其他各部分的制品；精制大米是指仅保留胚乳，而将其余部分全部脱去的制品，因此糙米中的无机盐含量明显高于精制大米。粮食加工精度越高，面粉颜色越白，无机盐含量越低。而且面粉中无机盐含量对谷物类食品质量有直接影响，如生产面包时无机盐含量会影响面筋质量，直接影响发酵制品的体积与蜂窝质构等。谷物和豆类中植酸含量较大，植酸可以和金属离子形成盐，阻碍人体对钙、镁、磷的吸收。植酸盐可在植酸酶的作用下被水解。小麦、稻谷及其他谷类粮食的糠麸里均含有丰富的植酸酶。许多微生物（如酵母菌）也具有较多的活性植酸酶，所以经发酵的面团有利于人体对钙、镁、磷的吸收。

二、肉类原料中的无机盐

肉类原料中无机盐成分和含量主要由遗传学因素所决定，而且在动物体内存在相应的平衡调节机制，能使组织中的无机盐稳定在合适的水平。所以肉类原料中的无机盐含量受饲料等外界因素的影响很小。

肉中无机盐的含量一般为 $0.8\%\sim1.2\%$，含量虽少，但这些无机盐的吸收利用率比植物性原料都要高，是人体必需的铁、锌、铜、钴等元素的重要来源。肉中常量元素以钠、钾和磷的含量较高，微量元素中铁的含量较多。因为钠、钾几乎全部存在于组织及体液中，所以在冷冻和解冻过程中，随着肉汁液的流失，主要损失的无机盐是钠和钾。烹饪加工中，钠、钾主要以离子形式存在于肉汁中。铁多贮存血红蛋白和肌红蛋白中。畜禽肉、肝的血红素铁约占食品中铁总含量的 $1/3$，其吸收率较高。同时肉类蛋白质中半胱氨酸含量较多，它能促进铁的吸收。因此，当膳食中有肉类时，可使铁的吸收率增加 $2\sim4$ 倍，从而可以改善缺铁性贫血。

三、乳类中的无机盐

乳类的无机盐含量约为 $0.6\%\sim0.75\%$，几乎含有婴儿所需的全部无机盐，主要有钙、磷、镁、钾、硫等，其中钙、磷尤其丰富。牛乳中钙含量约为 $135mg/100g$，多以蛋白钙的形式存在，吸收利用率高。牛乳中存在的其他一些营养素，如乳糖、维生素 D 等也有利于钙的消化吸收。乳中大部分的钙、镁与酪蛋白、磷酸、柠檬酸构成胶体溶液，小部分与磷酸、柠檬酸、碳酸结合成可溶性的弱酸盐，共同构成一个平衡体系。pH 的变化会影响乳中蛋白质胶粒的稳定性。磷酸盐可以增加乳中酪蛋白的稳定性，添加钙离子会降低乳的稳定性。乳中铁含量较低，约为 $0.3mg/100g$，而且消化吸收率也比较低。

牛奶经过乳酸杆菌发酵后成为酸奶，乳糖有一部分分解为葡萄糖和半乳糖，并可进一步转化为乳酸或其他有机酸。有机酸的存在增加了人体对钙、磷和铁的吸收利用率，而且乳酸和钙结合生成的乳酸钙更容易被消化吸收。所以常饮酸奶是十分有益的，应该值得提倡。奶酪是牛奶经过浓缩、发酵而成的奶制品。奶制品是食物补钙的最佳选择，奶酪是含钙最多的奶制品，而且这些钙很容易吸收。西餐中有很多用奶酪做成的菜品，是很好的补钙方式，值得中餐烹饪人员借鉴。

第三节　无机盐在烹饪加工中的变化及其应用

一、烹饪加工中无机盐的变化

烹饪原料中的无机盐成分和含量的影响因素是多方面的，即使是同一种烹饪原料，不同的品系、产地、种植条件、肥料使用、收获时间、贮存条件以及烹饪加工方法等都会对其有影响。根据无机盐的性质，在实际烹调加工过程中，应采取合理的方法来保护原料中的无机盐不被破坏，并有利于增进人体对无机盐的吸收。

（一）研磨、沥滤

许多物理和机械的加工方法能使无机盐成分流失。例如谷物的研磨，在加工精白米和精白面粉时，将含无机盐最丰富的糊粉层和胚除掉，导致无机盐的严重流失。并且谷物研磨得越细，无机盐损失就越多。因此通常要在谷物食品中添加一些微量元素来弥补加工过程所造成的无机盐的损失。

大多数无机盐具有水溶性，因此涉及沥滤的烹饪操作，如焯水、水冷、盐渍、挤水等都很容易导致无机盐的流失。水煮蔬菜时，若除去煮制菜肴的汤汁，则无机盐损失相当严重，较好的措施是保留煮菜的汤汁并用其烹调食物。用蒸汽加热比用水直接烧煮损失的矿物质要少，因此做米饭时，应尽量采用蒸米饭的方式来加工，捞米饭不值得提倡，食用米汤可以减少无机盐的浪费。

加工时用水量的多少、烧煮及沥滤时间长短、水温的高低都会对无机盐造成一定的损失。所以淘米时用水量不宜过多，浸泡及淘洗时间不宜过长，用冷水淘米较好。

（二）修整

植物性烹饪原料（如蔬菜、水果）经过修整处理和分档处理以后，矿物质元素都会有所损失。主要是由于某些富含营养素的部分被丢弃了，如果皮、稍老的茎中都含有一定的矿物元素等。另外，原料（尤其是蔬菜）先切后洗也会造成矿物元素的大量流失，所以，烹饪原料在预处理时应先洗后切，而不应先切再洗。

（三）热加工

主食制作和菜肴烹饪过程中，无机盐随着温度的变化，常发生不同程度的溶解和损失。如生的蔬菜和新鲜水果，细胞中充满水分，细胞之间有果胶质，加热前一般较硬而饱满；加热使果胶质分解，而与水混合成胶液，同时细胞膜破裂，无机盐溶于水中，整个组织变软。又如制作"回锅肉"、"凉拌肉"，事先要先煮熟原料，弃去汤汁，再对原料加工，这样的过程也是对无机盐的损失。因此，对于这些原料应采用热水煮肉，尽量缩短加热时间，使表面蛋白迅速变性，形成保护层，减少内容物的损失。另外，热加工过程中，易挥发性元素如碘较易损失，所以加碘盐时应在临出锅前加入。

当然，有时候为了让原料中的无机盐尽量溶出，可以采用特殊的方法，例如，炖骨头汤时可以冷水下锅，延长炖制时间，让骨头中的可溶性钙质以及磷脂尽可能多地溶解到汤中；或者稍加醋，因为骨头中的无机盐，如钙、铁、锌等在酸性条件下较易溶出，在烹饪时使用醋可明显提高钙、铁、锌的利用率。例如，糖醋排骨，先放醋可使原料中的钙被溶解出来得多一些，促进人体对钙的吸收。

（四）酵母发酵

谷物中植酸含量较大，植酸可以和金属离子形成盐，阻碍人体对钙、镁、磷的吸收。但这些植酸盐又可在植酸酶的作用下被水解破坏。小麦、稻谷及其他谷类粮食的糠麸里均含有丰富的植酸酶。许多微生物（如酵母菌）也具有较多的活性植酸酶，所以制作面食时，要尽量使用酵母发酵。酵母菌的植酸酶使面粉中的植酸盐释放出游离的钙和磷，增加钙、磷的利用率。植酸的减少也可消除其对铁、锌、铜等元素吸收的影响。

二、无机盐在烹饪中的应用

食品加工和烹饪中还常用一些无机盐来改善食品的风味、色泽、质构和工艺特性等。$NaCl$是食盐的主要成分，可以调味、防腐。而$CaCl_2$、$MgCl_2$、$CaSO_4$、$MgSO_4$可作为凝固剂、沉淀剂使用。硝酸盐和亚硝酸盐是常用的发色剂。亚硫酸氢钠（$NaHSO_3$）、低亚硫酸钠（保险粉$Na_2S_2O_4$）和焦亚硫酸钠（$Na_2S_2O_5$）具有漂白、防腐和防褐变作用。用来调节食品酸碱度的常用试剂有碳酸氢钠（小苏打$NaHCO_3$）、碳酸钠（纯碱Na_2CO_3）、碳酸氢铵（臭粉NH_4HCO_3）。以适量小苏打腌浸肉类，还可使肉质松软滑嫩。

（一）果蔬硬化处理

在果蔬加工过程中，一些正常原料常由于加工过程中的热处理作用，使原果胶水解为果胶与果胶酸，制品组织软烂，影响成品外观及口感。为此常利用硬化剂对原料进行硬化处理，使其组织固结，硬度增加，从而保持形状美观。例如，常将果蔬原料放入钙盐或铝盐（如碳酸钙、硫酸钙、氧化钙和明矾等）水溶液中进行短期浸泡，这样就可以使果蔬组织不致变软而保持硬度。

（二）果蔬的护色处理

果蔬原料在加工过程中，常因发生褐变而导致制品质量降低。二氧化硫及亚硫酸盐都是多酚氧化酶的强抑制剂，因此在果蔬预处理加工时，常采用熏硫或浸硫方法来护色。另外，果蔬原料浸渍于浓度为1.0％的食盐溶液中，能暂时抑制酶的活力3～4h。绿色蔬菜在加工前可用石灰水或氢氧化镁处理，以提高pH，防止脱镁叶绿素的形成，保持蔬菜的鲜绿色泽。在做冷菜、冷拼、食品雕刻时，常常需要保持果蔬原料的颜色，这时也会用到上述的一些方法。

（三）增加肉的持水性

在肉类组织中，离子平衡对肉的持水性起主要作用。例如，加工中添加三聚磷酸钠和焦磷酸钠等可使蛋白质结构松弛，使一些蛋白质溶解性增加，特别在加热时，水被包围在凝固的蛋白质中，故增加了肉的持水性。同时，聚磷酸盐还可以防止肉中脂肪酸败，有利于肉品质的改良。在动物宰杀后的尸僵前期或尸僵后期，肉的持水性最低，加入盐类可以提高肉的持水性。

（四）肉的腌制与码味

用盐腌制肉，可防腐杀菌便于保存。高浓度的盐具有提高渗透压的作用，使微生物发生质壁分离，起到抑制细菌的作用，另外，高浓度的盐还可以降低水分活度、抑制微生物分泌的酶以及减少食品含氧量的作用，对肉类原料起到防腐、抑菌的作用。如，腊肉、酱肉等腌腊制品的制作，用精盐腌制，可以迫使原料排出其中的血水，同时使肉达到渗透入味、保鲜增色、抑菌防腐的作用。

盐能使肉料细嫩，突出风味，而且是上浆的重要程序。熘肉片在上浆时，在肉片中加入少量水和盐，增加水的渗透性，使肉片吃足了水分，保持菜肴鲜嫩适口。对于荤腥类原料，可用精盐、料酒、味精、姜片、葱段、花椒等配合码味，采用炒、熘、爆等方法成菜，可以除去腥臊异味，突出鲜香美味。值得注意的是，盐的渗透性很大，用量一定要注意适度，若过多，不但菜肴的口味变咸，而且原料中的蛋白质分子处于高渗状态，反而会将原料中的水分排出，使原料变得老韧。

在烹制含蛋白质较多的动物性食品时，如果过早加入食盐，原料表层蛋白质变性、凝固，影响原料内部传热，菜肴常不易达到"熟烂"或"熟透"的标准。若制汤时，加入食盐过早，蛋白质变性、凝固，使汤基中浸出物的溶出受阻，会影响汤汁的浓度和鲜味。由于盐具有使蛋白质凝固变性的作用，所以在熬制奶汤时，切忌先放盐，否则汤汁就不会乳白、稠浓。旺火急炒时，也应注意加盐不宜过早。

本 章 小 结

烹饪原料中的无机盐是指除碳、氢、氧、氮 4 种元素之外的其他所有元素的总称。

无机盐的分类有两种：根据在人体内的含量和膳食中需要量的不同，无机盐分为常量元素和微量元素。根据无机盐元素在人体内生成的氧化物的酸碱性，把无机盐元素分为两类：酸性无机盐元素和碱性无机盐元素。

植物性烹饪原料中的无机盐含量平均为干重的 5％左右，以叶菜类所含无机盐量最多，可达干重的 10％～15％。谷物中的无机盐分布不均匀，主要存在于谷皮、糊粉层和胚中。肉中无机盐的含量一般为 0.8％～1.2％，烹饪加工中，钠、钾主要以离子形式存在于肉汁中。乳类的无机盐含量约为 0.6％～0.75％，主要有钙、磷、镁、钾、硫等，其中钙、磷尤其丰富。

烹饪加工中无机盐的变化是多方面的，如研磨、沥滤、修整、热加工、酵母发酵过程都会造成原料中无机盐或多或少的流失和破坏；无机盐在烹饪中的应用也是很重要的，如食品加工和烹饪中用一些无机盐来改善食品的风味、色泽、质构和工艺特性等。可以用于果蔬硬化：果蔬原料放入钙盐或铝盐水溶液中进行短期浸泡，这样就可以使果蔬组织不致变软而保持硬度，其次还用于果蔬的护色、增加肉的持水性，用盐腌制肉，可防腐杀菌便于保存。盐还能使肉料细嫩，突出风味。但在烹制含蛋白质较多的动物性食品时，如果过早加入食盐，原料表层蛋白质变性、凝固，影响原料内部传热，菜肴常不易熟烂、熟透。

思考题

1. 烹饪原料中的无机盐是怎样分类的？

2. 烹饪中哪些操作会造成原料无机盐含量的损失？

3. 无机盐对果蔬原料有哪些方面的应用？

4. 无机盐对肉类原料有哪些方面的应用？

5. 在实际操作中如何合理烹调以减少无机盐的损失，提高其吸收利用率？

第四章　蛋　白　质

【学习目标】

1. 掌握蛋白质的化学组成及结构。

2. 了解维持蛋白质结构的主要作用力。

3. 理解蛋白质变性的原因以及在烹饪中的应用。

4. 掌握食品蛋白质的两性性质、吸水性和持水性、溶胀、黏结性、发泡性和稳泡性以及在烹饪中的应用。

5. 了解食品中蛋白质在贮存和烹饪加工中的变化和控制。

第一节　蛋白质概述

蛋白质是每个生物体的细胞组分中含量最为丰富、功能最多的高分子物质，在生命活动过程中起着各种生命功能执行者的作用，几乎没有一种生命活动能离开蛋白质，没有蛋白质就没有生命。

蛋白质具有三大基础生理功能：构成和修复组织；调节生理功能和供给能量。蛋白质是构成机体组织、器官的重要成分，人体各组织、器官无一不含蛋白质。同时人体内各种组织细胞的蛋白质始终在不断更新，只有摄入足够的蛋白质方能维持组织的更新，身体受伤后也需要蛋白质作为修复材料。另外蛋白质在体内是构成多种重要生理活性物质的成分，参与调节生理功能。同时，蛋白质还为人体提供能量。所以在人类的各种食物中，蛋白质是最基本的、也是不可或缺的。

蛋白质的食物来源可分为植物性蛋白质和动物性蛋白质两大类。植物性蛋白质中，谷类含蛋白质10％左右，蛋白质含量不算高，但由于谷类是人们的主食，每日摄入量很大，所以谷类仍然是膳食蛋白质的主要来源。豆类含有丰富的蛋白质，特别是大豆含蛋白质高达36％～40％，氨基酸组成也比较合理，在体内的利用率也比较高，是植物蛋白质中非常好的蛋白质来源。蛋类含蛋白质11％～14％，是优质蛋白质的重要来源。奶类（牛奶）一般含蛋白质3.0％～3.5％，是婴幼儿蛋白质的最佳来源。肉类主要包括禽、畜和鱼的肌肉。新鲜肌肉含蛋白质15％～22％，肌肉蛋白质营养价值优于植物蛋白质，是人体蛋白质的重要来源。常见烹饪原料中的蛋白质含量见表4-1。

表 4-1　常见烹饪原料的蛋白质含量（质量分数）　　　　单位:％

原　料	蛋白质含量	原　料	蛋白质含量	原　料	蛋白质含量
猪肉	13.2	鸡蛋	12.7	四季豆	2.0
猪肝	19.3	牛奶	3.0	胡萝卜	1.0
牛肉	18.1	豆腐	5.0	马铃薯	2.0
带鱼	17.7	豆浆	1.8	菜花	2.1
对虾	18.6	黄豆	35.1	花生仁	25.0

一、蛋白质的化学组成

蛋白质在生命活动中的重要功能有赖于它的化学组成、结构和性质。

（一）蛋白质的元素组成

蛋白质主要由碳、氢、氧、氮4种元素组成。蛋白质元素组成的最大特点是含有氮，有些蛋白质还含有硫、磷、铜、铁、锰、锌等其他元素。蛋白质的分子大小可相差几千倍甚至上万倍，但它们含氮的百分率相当恒定，各种蛋白质每100g中氮的含量都约是16g，因此，如果我们要测定蛋白质的含量只要测定出食物中氮元素的量，然后再乘以100/16（即6.25）就可以推算出该食物中的蛋白质的含量。其中6.25被称为蛋白质系数，这种测定蛋白质的方法称为"凯氏定氮法"。所测得的蛋白质我们称其为粗蛋白，用数学表达式为

$$w(粗蛋白质)＝w(N)×6.25$$

（二）蛋白质结构的基本单位

蛋白质是高分子有机化合物，结构复杂、种类繁多，但其水解的最终产物都是氨基酸，因此，氨基酸是蛋白质结构的基本单位。

1. 氨基酸的结构

氨基酸是指含有氨基的羧酸，天然存在的氨基酸约有180种，但是能组成食品蛋白质的氨基酸只有20种，因此称这20种氨基酸为基本氨基酸。除脯氨酸和羟脯氨酸以外，这些氨基酸均为α-氨基酸，即羧酸分子中α位置碳原子上的一个氢原子被氨基取代而成的化合物，氨基酸的结构通式可以表示为

$$R-\underset{\underset{NH_2}{|}}{\overset{\overset{H}{|}}{C}}-COOH$$

式中，—NH_2代表氨基；—COOH代表羧基；—R代表侧链基团。除了—R基团以外的结构部分为各种氨基酸的共同结构，即

$$-\underset{\underset{NH_2}{|}}{\overset{\overset{H}{|}}{C}}-COOH$$

除—R基为氢原子的甘氨酸以外，其他所有α-氨基酸分子中至少有一个不对称的碳原子。甘氨酸的结构式表示为

$$H-\underset{\underset{NH_2}{|}}{\overset{\overset{H}{|}}{C}}-COOH$$

甘氨酸

每一种α-氨基酸都有D-型和L-型两种异构体，这主要取决于α-氨基酸上氨基所取代的位置。D-型和L-型两种氨基酸的化学结构可用下列通式表示：

$$H-\underset{\underset{R}{|}}{\overset{\overset{COOH}{|}}{C}}-NH_2 \qquad H_2N-\underset{\underset{R}{|}}{\overset{\overset{COOH}{|}}{C}}-H$$

D-氨基酸 　　　　　 L-氨基酸

式中，R 代表氨基酸的侧链基团，由上述结构式可见，中心碳原子分别带有氨基、羧基和一个氢原子，不同种类的氨基酸主要区别在于氨基酸的侧链 R 基不相同，而不同结构的氨基酸主要区别在于氨基的取代位置不相同。

在 α-氨基酸中，绝大多数构成蛋白质的氨基酸都属于 L-型结构，不同的结构具有不同的生理味觉，一般来说，L-型氨基酸具有苦味、鲜味、甜味、酸味等不同的味觉，而 D-型氨基酸多数具有甜味。

2. 氨基酸的分类

（1）按氨基酸侧链 R 基的化学结构 可以分为：脂肪族、芳香族、杂环族三类。脂肪族氨基酸的烃基和烃基衍生物为链状；芳香族氨基酸的烃基和烃基衍生物中含有苯环；杂环族氨基酸，则含有"杂环"。氨基酸的种类和名称详见表4-2。

表 4-2 组成蛋白质的 20 种氨基酸

中文名	代号	R 基结构	相对分子质量	等电点
丙氨酸	Gly	$CH_3—$	89.06	6.00
缬氨酸	Val	$CH_3CH(CH_3)—$	117.09	5.96
亮氨酸	Leu	$CH_3CH(CH_3)CH_2—$	131.11	5.98
异亮氨酸	Ile	$CH_3CH_2CH(CH_3)—$	131.11	6.02
蛋氨酸	Met	$CH_3SCH_2CH_2—$	149.15	5.74
苯丙氨酸	Phe	⬡$—CH_2—$	165.09	5.48
脯氨酸	Pro	$—COOH$[①]	115.13	6.30
色氨酸	Trp	$—CH_2—$	204.22	5.89
甘氨酸	Gly	$H—$	75.05	5.97
丝氨酸	Ser	$HOCH_2—$	105.06	5.68
苏氨酸	Thr	$CH_3(OH)CH—$	119.08	5.60
半胱氨酸	Cys	$HSCH_2—$	121.12	5.07
天冬酰胺	Asn	$NH_2COCH_2—$	132.12	5.41
谷氨酰胺	Gln	$NH_2COCH_2CH_2—$	146.15	5.65
酪氨酸	Tyr	$OH—$⬡$—CH_2—$	181.09	5.66
天冬氨酸	Asp	$HOOCCH_2—$	133.60	2.97
谷氨酸	Glu	$HOOCCH_2CH_2—$	147.08	3.32
赖氨酸	Lys	$NH_2—CH_2CH_2CH_2CH_2—$	146.63	9.74
精氨酸	Arg	$H_2N—C—NHCH_2CH_2CH_2—$ $\ \ \ \ \ \ \ \parallel$ $\ \ \ \ \ \ NH$	174.14	10.76
组氨酸	His	$—CH_2—$	155.16	7.59

① 脯氨酸的结构式。

（2）氨基酸按照生理作用分 分为必需氨基酸和非必需氨基酸。

① 必需氨基酸 各种动物在生长和发育过程中都需要一定的氨基酸。有些氨基酸在体内不能合成或合成速率过慢，不能满足人体生长发育的需要，必须依靠食物获得，这样的氨基酸称为必需氨基酸。共有 8 种氨基酸为必需氨基酸，即亮氨酸、异亮氨酸、赖氨酸、蛋氨酸、苯丙氨酸、色氨酸、苏氨酸和缬氨酸。对婴儿来说，组氨酸也是必需氨基酸。人体对蛋白质的需要实际上是对氨基酸的需要。

② 非必需氨基酸　需要指出的是，其他的氨基酸对机体的生长发育也是必需的，只是这些氨基酸可以通过体内合成，或者可以由其他氨基酸在体内转变而成，一般不会缺乏。这些氨基酸称为非必需氨基酸。

食品中除了能构成蛋白质的 20 多种氨基酸以外，还有其他非蛋白氨基酸。尤其当食品过度加工以后，其非蛋白氨基酸会增多。这些氨基酸在食品中，有的具有鲜味，如鹅膏蕈氨酸、口蘑氨酸、茶氨酸等；有的是香味前体，如蒜氨酸；有的对人体有生化作用、营养功能或生理毒性，如牛磺酸（2-氨基乙磺酸）、鸟氨酸、瓜氨酸、刀豆氨酸、同型丝氨酸等。

3. 氨基酸的性质

（1）溶解性　氨基酸是无色结晶体，其结构中的氨基（—NH_2）和羧基（—COOH）均为极性基团，根据相似相溶的原则和规律，氨基酸应该溶解于极性的水溶液中，根据实验得知，食品中大多数氨基酸实际上都能溶于水，不溶或微溶于有机溶剂，这就是烹饪中经常将鲜味充足的原料用来制作鲜汤的原因；另外对于鲜味特别强的原料一般采用以油为介质的烹调方法来烹制。

（2）熔点　氨基酸属于高熔点化合物，其熔点可高达 200～300℃，但近代化学实验得知：许多氨基酸在尚未达到或接近熔点时，它们就或多或少地发生了分解反应，或者与其他物质发生了情况复杂的化学反应，因此在烹饪中，针对鲜味特别强的烹饪原料一般不要采取高温烹调的方法来进行烹制。

（3）味觉　大多数氨基酸及其衍生物都具有呈味的功能，这可能与氨基酸在水中电离出来的氨基（—NH_2）和羧基（—COOH）有关，同时与其化学结构也有关系，前面我们说过，D-型氨基酸多数具有甜味，其中以 D-色氨酸的甜度最强，是蔗糖的 40 倍，而 L-型氨基酸具有苦味、鲜味、甜味、酸味等不同的味觉，其中常用的味精主要成分是谷氨酸的钠盐，在水中电离以后生成谷氨酸，具有很强的鲜味。

（4）两性电离　氨基酸在水溶液中或者是晶体状态下都以离子的形式存在，但这种离子与无机盐的离子存在形式不同，由于氨基酸分子中同时存在氨基（—NH_2）和羧基（—COOH）两种极性基团，它们在溶液中发生分别电离，其中羧基（—COOH）可电离出一个 H^+ 而变成—COO^-，氨基（—NH_2）能得到一个 H^+ 而变成—NH_3^+，这样一来，氨基酸在溶液中电离以后就形成了同时带有正、负两种离子的两性离子。其电离过程可用方程式表示如下：

$$H_3\overset{+}{N}-\overset{\overset{H}{|}}{\underset{\underset{R}{|}}{C}}-COOH \underset{H^+}{\overset{OH^-}{\rightleftharpoons}} H_3\overset{+}{N}-\overset{\overset{H}{|}}{\underset{\underset{R}{|}}{C}}-COO^- \underset{H^+}{\overset{OH^-}{\rightleftharpoons}} H_2N-\overset{\overset{H}{|}}{\underset{\underset{R}{|}}{C}}-COO^- +H_2O$$

酸性溶液中的 AA　　　　水溶液中的 AA　　　碱性溶液中的 AA

根据上述方程式得出：我们在烹饪实际操作中可以根据菜肴制作的需要，通过人为调节溶液（汤汁）的 pH 来调节氨基酸的电离方向和电离程度，从而达到菜品预期的质量指标。

（5）脱羧和脱氨　氨基酸属于典型的多官能团化合物，在氨基酸分子中有氨基（—NH_2）、羧基（—COOH）、支链基团（—R）和氢原子（—H），它能进行的化学反应主要有氨基的反应、羧基的反应、也有支链基团的反应，在食品中常见的是脱羧反应与脱氨反应：

$$R-\underset{\underset{NH_2}{|}}{CH}-COOH \xrightarrow{\text{脱羧酶}} R-\underset{\underset{NH_2}{|}}{CH_2} +CO_2$$

脱羧反应

$$R-\underset{\underset{NH_2}{|}}{CH}-COOH \xrightarrow[\text{氧化酶}]{[O]} R-\underset{\underset{O}{\|}}{C}-COOH +NH_3$$

脱氨反应

食品原料在保藏时，氨基酸在细菌分泌的脱羧酶作用下发生分解，生成胺类而使原料带有浓郁的臭味，其中绝大部分是生成了腐胺和尸胺。这也是蛋白类原料质量下降的重要指标之一，一般情况如果肉类有臭味要慎重选用，最好是不用。

组氨酸在脱羧酶的作用下能生成组胺，导致人体食物中毒或者死亡，烹饪中常用的黄鳝、甲鱼、螃蟹、金枪鱼等原料死亡以后，如果放在 $15\sim37℃$，而且有 O_2 的情况下，体内细菌很快分泌脱羧酶，使组氨酸脱羧形成组胺，因此黄鳝、甲鱼、螃蟹、金枪鱼这些原料在自然状态下一经死亡最好就不要食用，以防组胺中毒。

氨基酸在氧化酶的作用下容易脱去氨基（—NH_2），放出氨气，使食品原料具有一种刺激性味道，比如在存放肉制品的仓库内经常会闻到一股刺激性的化肥味道，其实就是这个原因。另外，松花蛋在制作中，蛋白质在碱的作用下变性凝固并水解生成氨基酸，这些氨基酸部分发生了脱羧反应而被氧化成酮酸，正是由于这种酮酸加上蛋白质变化过程中产生的 H_2S 和 NH_3 的混合味道才构成了松花蛋特有的诱人之味。

（6）羰氨反应　氨基酸中的氨基与还原糖中的羰基在一定的条件下容易发生缩合反应，脱去一分子的水，同时伴有产香、产色和质感的一些变化。比如在做"烤乳猪"或者"烤鸭"的时候，经常在乳猪或鸭子的表皮上刷上一层糖浆，在烘烤过程中由于肉中的氨基酸和糖发生了羰氨反应，从而使菜肴具有浓郁的香气、诱人的色泽和酥脆的质感。

（7）热分解　氨基酸在加热的过程中，容易发生分子间共价键的断裂而生成小分子的化合物，如醇、酮、酸、杂环化合物、含硫化合物，这些化合物有的有香气，有的易挥发，也有的有异味，所以我们在烹调过程中尽管产生的香气与氨基酸的分解是分不开的，但是还要倍加小心，倘若把肉烧过了、烧焦了，不仅含有一定的异味，而且还可能产生一些有毒有害的物质。

（8）螯合作用　氨基酸中的—NH_2、—$COOH$、—SH 在一定的条件下容易与一些金属离子如 Ca^{2+}、Fe^{2+}、Zn^{2+}、Cu^{2+} 等发生螯合反应生成氨基酸金属离子螯合物，例如半胱氨酸易与铁螯合、苏氨酸易与钙螯合、谷氨酸易与铜螯合，这些螯合物可以随同氨基酸一起被小肠吸收，因此我们在烹调组配过程中应该做到合理搭配、荤素搭配，提高人体对某些金属离子如钙、铁、锌的消化吸收。

二、蛋白质的分子结构

实验已经证明蛋白质是由各种氨基酸通过肽键连接而成的多肽链，再由一条或多条多肽链按各自特殊方式组合成具有完整生物活性的大分子。根据蛋白质肽链折叠的方式和复杂程度，将蛋白质的分子结构分为一、二、三、四级，也有人把它分成基本结构（一级结构）和空间结构（包括二、三、四级结构）两种。

（一）蛋白质的一级结构

蛋白质的一级结构，即蛋白质的基本结构，是指蛋白质中各种氨基酸按一定顺序排列构成的蛋白质肽链骨架。蛋白质分子中的氨基酸之间是通过肽键相连的，一个氨基酸的 α-羧基与另一个氨基酸的 α-氨基脱水缩合，即形成肽键（酰胺键，图 4-1 箭头所指部分）。

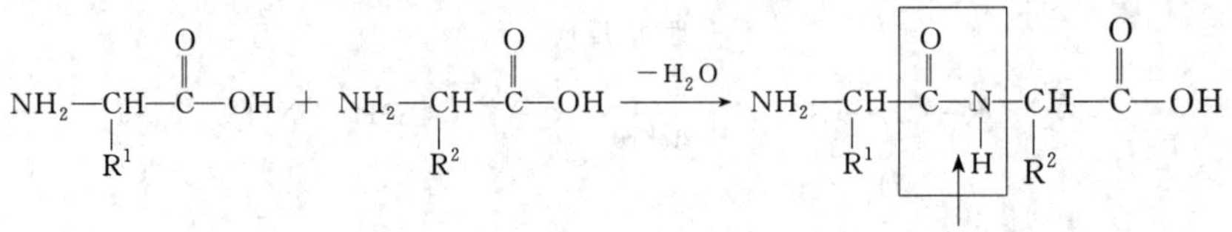

图 4-1 肽与肽键

氨基酸通过肽键（—CO—NH—）相连而形成的化合物称为肽。由两个氨基酸缩合成的肽称为二肽，三个氨基酸缩合成三肽，以此类推。一般由 10 个以下的氨基酸缩合成的肽统称为寡肽，由 10 个以上氨基酸形成的肽被称为多肽或多肽链。

氨基酸在形成肽链后，氨基酸的部分基团参加肽键的形成，已经不是完整的氨基酸，称为氨基酸残基。肽键连接各氨基酸残基形成肽链的长链骨架，即 $\cdots C_\alpha$—CO—NH—$C_\alpha\cdots$结构称为多肽主链。各氨基酸侧链基团称为多肽侧链。每个肽分子都有一个游离的 α-NH$_2$ 末端（称氨基末端或 N 端）和一个游离 α-COOH 末端（称羧基末端或 C 端）。每条多肽链中氨基酸顺序编号从 N 端开始。书写某多肽的简式时，一般将 N 端写在左边，C 端写在右边。

蛋白质一级结构中除肽键外，有些还含有少量的二硫键。它是由两个半胱氨酸的侧链上的巯基脱氢而形成的。除肽键外，二硫键是维持蛋白质的一级结构唯一的键，起着稳定蛋白质之间结构的作用，且往往与蛋白质的生物活性有关。

$$-SH+HS \xrightarrow{-2H} -S-S-$$

维持蛋白质一级结构的作用力是肽键和二硫键，属于强相互作用，所以蛋白质的一级结构非常稳定，不易被破坏。

（二）空间结构

仅仅具有一级结构的蛋白质不具有生物活性。天然的具有生物活性的蛋白质都具有空间结构。蛋白质的空间结构主要包括二级结构、三级结构和四级结构。

1. 二级结构

蛋白质的二级结构是指多肽链中主链原子在各局部空间的排列分布状况，而不涉及各 R 侧链的空间排布。在所有已测定的蛋白质中均有二级结构的存在，主要形式包括 α-螺旋、β-折叠等。

（1）α-螺旋结构　在 α-螺旋中多肽链骨架沿中心轴如螺旋样盘曲上升，每旋转一圈为 3.6 个氨基酸残基，其中每个氨基酸残基升高 0.15nm，螺旋上升一圈的高度（即螺距）为 0.54nm（3.6nm×0.15nm）。这种螺旋结构如图 4-2 所示。

氢键是稳定 α-螺旋的主要次级键。每个氨基酸残基 N 上的氢原子与间隔三个氨基酸残基的羧基上的氧原子形成氢键，每个肽键都参与链内氢键形成，因此保持了 α-螺旋的最大稳定性。绝大多数蛋白质以右手 α-螺旋形式存在。1978 年发现蛋白质结构中也有左手 α-螺旋结构。

（2）β-折叠结构　β-折叠为一种比较伸展、呈手风琴状折叠的肽链结构。两段以上的肽链平行排布，相邻肽链之间的肽键相互交替形成许多氢键，这是维持 β-折叠结构的主要次级键。β-片层可分顺向平行（肽链的走向相同，即 N、C 端的方向一致）和逆向平行（两肽段走向相反）结构，逆向较顺向平行折叠更加稳定。

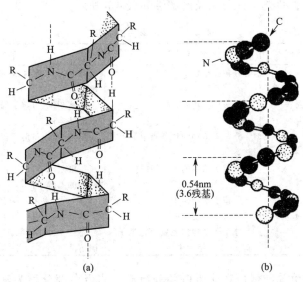

(a)   (b)

图 4-2 α-螺旋模型

多肽链除此两种局部折叠形式外，还有 β 转角和无规则卷曲等。

2. 三级结构

蛋白质的多肽链在各种二级结构的基础上再进一步盘曲或折叠形成具有一定规律的三维空间结构，称为蛋白质的三级结构。蛋白质三级结构的稳定主要有：氢键、疏水键、盐键以及范德华力等。这些次级键可存在于一级结构序号相隔很远的氨基酸残基的 R 基团之间，因此蛋白质的三级结构主要指氨基酸残基的侧链间的结合。

3. 四级结构

由两条以上具有独立三级结构的多肽链通过非共价键相互结合而成一定空间结构的聚合体，称为蛋白质的四级结构。构成四级结构中，每条具有独立三级结构的多肽链称为亚基。缺少一个亚基或亚基单独存在都不具有活性。这些亚基的结构可以是相同的，也可以不同。各亚基常以 α、β、γ、δ 等命名，如血红蛋白 A 由两个 α 亚基和两个 β 亚基组成，常以 $\alpha_2\beta_2$ 表示。亚基间的聚合力也是依赖于盐键、氢键、疏水键作用和范德华力。但以前两者为主。

蛋白质的空间结构取决于它的一级结构，多肽链主链上的氨基酸排列顺序包含了形成复杂的三维结构（即正确的空间结构）所需要的全部信息。

三、蛋白质的分类

蛋白质的种类繁多、分子庞杂、功能各异，化学结构大多不清楚，故蛋白质分类常按其分子形状、化学组成、溶解度和营养价值等方面来进行分类。

1. 根据分子形状分类

（1）球状蛋白　蛋白质分子形状的长轴与短轴的比值小于 10。食品中大多数蛋白质属球状蛋白，易溶于水，为亲水胶体，如血红蛋白、肌球蛋白和豆类的球蛋白等。

（2）纤维状蛋白　蛋白质分子形状的长、短轴比大于 10。一般不溶于水，多为生物体组织的结构材料，如毛发中的角蛋白、结缔组织的胶原蛋白和弹性蛋白、蚕丝的丝蛋白等。

2. 根据化学组成分类

（1）单纯蛋白　其完全水解产物仅为氨基酸。单纯蛋白质又可按其溶解度、受热凝固性及盐析等物理性质的不同分为清蛋白、球蛋白、谷蛋白、醇溶谷蛋白、精蛋白、组蛋白和硬蛋白7类。单纯蛋白的种类、分布以及溶解性如表4-3所示。

表4-3　单纯蛋白的种类

种类名称	举例	分布状态	溶解性
清蛋白	血清蛋白 麦清蛋白	分布在植物中	溶于水和稀盐溶液,不溶解于饱和硫酸铵溶液
球蛋白	血清球蛋白 免疫球蛋白	分布在植物中	不溶于水,可溶于稀盐溶液,不溶解于半饱和硫酸铵溶液
谷蛋白	米谷蛋白 麦谷蛋白	分布于植物的种子当中	不溶于水,可溶于稀酸、稀碱溶液
醇溶谷蛋白	玉米蛋白	分布于植物的种子当中	不溶于水,可溶于稀酸、稀碱和浓度为70%～80%的乙醇溶液
精蛋白	鱼精蛋白	分布于动物体中	溶于水,也可溶于稀酸
组蛋白	胸腺组蛋白	分布于动物体中	溶于水,也可溶解于稀酸,但不溶于稀氨溶液
硬蛋白	角蛋白 胶原蛋白	分布于动物的毛发、角、爪子、筋、骨骼等组织中	不溶于水,不溶于盐溶液、也不溶于稀酸、稀碱溶液

（2）结合蛋白　由单纯蛋白和非蛋白部分组成。非蛋白部分称为辅基。根据辅基不同,又可分为核蛋白、色蛋白、糖蛋白、脂蛋白、磷蛋白和金属蛋白等。结合蛋白质的种类、辅基及相关实例如表4-4所示。

表4-4　结合蛋白质的种类

蛋白质名称	分布情况	辅基	举例
核蛋白	细胞核	核酸	染色体蛋白、病毒核蛋白
色蛋白	血液、叶绿素	色素	血红蛋白、黄素蛋白
糖蛋白	体液、皮肤、结缔组织	糖类	免疫球蛋白、黏蛋白
脂蛋白	细胞膜、血浆	脂类	脂蛋白
磷蛋白	卵、乳	磷酸	酪蛋白、胃蛋白酶
金属蛋白	胰腺	金属离子	铁蛋白、胰岛素

3. 根据溶解度分类

（1）可溶性蛋白　可溶性蛋白质是指可溶于水、稀中性盐和稀酸溶液的蛋白质。如清蛋白、球蛋白、组蛋白、精蛋白等。

（2）醇溶性蛋白　一类不溶于水而溶于70%～80%乙醇的蛋白质。如醇溶谷蛋白。

（3）不溶性蛋白　此类蛋白质既不溶于水、稀盐溶液,也不溶于一般有机溶剂。如角蛋白、胶原蛋白、弹性蛋白、谷蛋白等。

4. 根据蛋白质的营养价值分类

（1）完全蛋白　是一类优质蛋白质,所含的必需氨基酸种类齐全、数量充足,比例适当,不但能维持人体健康,还能促进儿童生长发育。乳类中的酪蛋白、乳白蛋白,蛋类中的卵白蛋白、卵磷蛋白,肉类中的白蛋白、肌蛋白,大豆中的大豆蛋白,小麦中的麦谷蛋白,玉米中的谷蛋白等都属于完全蛋白。

（2）半完全蛋白　这类蛋白质所含氨基酸虽然种类齐全,但有的数量不足,比例不适当。它们可以维持生命,但不能促进生长发育。例如,小麦中的麦胶蛋白便是半完全蛋白质,含赖氨酸很少。食物中所含与人体所需相比有差距的某一种或某几种氨基酸叫做限制氨基酸。谷类蛋白质中赖氨酸含量较少,所以,它们的限制氨基酸是赖氨酸。

（3）不完全蛋白　这类蛋白质所含必需氨基酸种类不全,既不能维持生命,也不能促进生长发育。如玉米中的玉米胶蛋白，动物结缔组织和肉皮中的胶质蛋白，豌豆中的豆球蛋白等。

第二节　蛋白质的理化性质及其在烹饪中的应用

蛋白质是天然高分子化合物，一般相对分子质量的数量级是 $10^4 \sim 10^5$，由于其结构复杂，分子量高，所以其机械性和物理性质方面与低分子量物质有很大差异。蛋白质属于亲水高分子物质，其分散体系属胶体体系，具有高黏度和低渗透压等高分子溶液的性质，我们主要研究其与烹饪有关的性质。

一、蛋白质的变性

当蛋白质受到热或其他物理及化学作用时，其特有的空间结构会发生变化，使其性质也随之发生改变，如溶解度降低，对酶水解的敏感度提高，失去生理活性等，这种现象称为变性作用。从分子结构上看，变性作用是多肽链特有的折叠结构发生的变化，成为无规则卷曲或混乱伸展的结构，它仅涉及蛋白质第二、三、四级结构的变化，而并不包括一级结构肽链的破坏。也就是说，变性时蛋白质中氢键、盐键和疏水键等化学键遭受到破坏，而肽键的共价键并未打断。

（一）蛋白质变性的物理因素

1. 加热

加热是引起蛋白质变性最常见的物理因素，几乎所有的蛋白质在加热时都发生变性，变性以后蛋白质开始凝固。大多数蛋白质在 $45 \sim 50 \, ℃$ 时已经可以察觉到变性，$55 \, ℃$ 左右变性反应进行得较快。在这样不太高的温度下，蛋白质热变性仅仅涉及非共价键的变化，蛋白质分子变形伸展，这种较短时间的变性为可逆变性。但在 $70 \sim 80 \, ℃$ 以上，蛋白质二硫键受热而断裂，这种蛋白质在较高温度下的长时间变性是不可逆变性。变性作用的速率取决于温度的高低，在典型的变性作用范围内，温度每升高 $10 \, ℃$，蛋白质变性的化学反应速率提高近 600 倍。温度越高，蛋白质变性越快，变性所需的时间就越短。例如，$100 \, ℃$ 常压加热与 $120 \, ℃$ 高压锅加热，其温度相差 $20 \, ℃$，但蛋白质变性速率可以相差几千到上万倍。因此要通过控制加热温度和时间来准确控制变性速率和变性程度，使食品正好达到所期望的状态是很难的，这也正是烹饪中控制火候问题的关键。

蛋白质受热变性的机制是因为在加热的情况下，肽键产生强烈的热振荡，而使原来维持蛋白质空间结构的那些次级键特别是氢键迅速断裂，引起天然构象解体而变性。蛋白质对热变性作用的敏感性取决于许多因素。例如，蛋白质的性质、浓度、水分活度、pH、离子强度和离子种类等。目前的研究已经发现：蛋白质的疏水性愈强，分子的柔性愈小，变性温度就愈高；蛋白质分子中含半胱氨酸愈多，其变性和热凝固温度愈低（例如牛奶酪蛋白和豆浆球蛋白含半胱氨酸少，热变性温度高，且不容易热凝固）；蛋白质、酶和微生物在干燥条件下耐受热变性而失活的能力比含水时更大，浓蛋白液受热变性后的复水性更加困难。

2. 低温

蛋白质在冷冻条件下也会变性。我们常采用冷冻贮藏抑制微生物和酶的活性，延长烹饪原料的保鲜期。但是长期的低温处理也会导致烹饪原料蛋白质冻结变性而被破坏，如冷冻的鱼类、肉类长时间在冻藏温度下放置，蛋白质出现了在食盐溶液中的溶解性降低、持水力下降、肉质硬化等现象。蛋黄冷冻并贮藏于 $-6 \, ℃$ 的环境，解冻后呈胶体状态，黏度也增大。

其原因主要有以下几个方面：① 由于肌肉中的水冻结成冰对肌肉组织产生膨压；②水冻结后，更有利于失去水膜保护的蛋白质与蛋白质分子间相互聚集、凝沉而变性；③Ca^{2+}、Mg^{2+}及脂肪对蛋白质的低温变性有促进作用。在低温条件下，脂肪氧化酶因脱水而活性提高，氧化脂肪产生过氧化物游离基，这个游离基就可以与蛋白质发生分子间和分子内聚合反应，使蛋白质沉淀、变性。磷酸盐、糖、甘油等能减少蛋白质冻结变性率。所以，为了提高冷冻肉丸的稳定性，要在肉丸中加入适量的糖和磷酸盐；在加工冷冻鱼肉时，为了防止鱼肉蛋白在低温的情况下变性，需要将鱼肉进行充分的漂洗，以尽量除去Ca^{2+}。

3. 干燥

蛋白质在干燥的情况下容易大量脱水，即使用温和的方法来干燥也会使蛋白质发生不同程度的变性。例如冷冻干燥法脱水，仍然可引起某些蛋白质的变性，这主要是由于蛋白质脱去保护性水化膜，蛋白质分子互相靠近，由于分子间的相互作用而导致蛋白质变性。在采用自然风干法脱水时，氧化反应会加大变性的程度；采用喷雾干燥法脱水时，界面作用会加大变性程度；高温脱水中又难免因为热能的作用而加快变性的进程。

4. 机械处理

由振动、捏合、打擦产生的机械运动会破坏蛋白质分子的结构，从而使蛋白质变性。比如在加工面包或其他类型的食品面团时，因为采用了机械处理，如揉捏或滚压，由于产生剪切力而导致蛋白质变性。反复拉伸而导致 α-螺旋结构被破坏，从而致使蛋白质网络发生变化。

5. 界面

蛋白质可在界面上被吸附，包括界面吸附和变性两个阶段。在水和空气、水和非水溶液或固相等界面吸附的蛋白质分子，由于受到不平衡力的作用，会发生变性。界面作用引起的蛋白质变性一般是不可逆的。蛋白质在界面的吸附有利于乳浊液和泡沫的形成与稳定，如烹饪中使用的发蛋就是利用蛋清的起泡性而制成的。

（二）蛋白质变性的化学因素

1. 酸碱作用

在常温下，大多数蛋白质在 pH4～10 能稳定地存在于天然状态下，蛋白质在其等电点时比在其他任何 pH 值时对变性作用更加稳定。如果超出这个 pH 值范围，蛋白质也会发生变性反应。在较温和的酸碱条件下，变性是可逆的，而在强酸强碱条件下，则变性是不可逆的。因为在极端 pH 时，分子内离子基团会产生强烈的静电排斥，这将促使蛋白质分子伸展变性。蛋白质在碱性、加热的条件下，除了发生变性以外，蛋白质中的重要营养物质——赖氨酸被破坏，并生成有毒的赖氨酰丙氨酸残基。这个反应在生产面条、大豆组织化蛋白时就会发生；在烹饪肉类，尤其是牛肉的过程中，为了烹制出鲜嫩的肉片，有时会用少量的碱，如使用适量的苏打粉对肉进行嫩化，虽然能使肉质变嫩，但是这种做法其实也是很危险的，因此在食品加工过程中应尽量避免用碱去处理蛋白质。酸奶饮料和奶酪的生产，则是利用酸对蛋白质的变性作用，牛奶中的乳糖在乳酸菌的作用下产生乳酸，pH 下降引起乳球蛋白凝固，同时也使可溶性的酪蛋白沉淀析出。

2. 有机溶剂作用

在蛋白质溶液中，加入与水互溶的有机溶剂，由于有机溶剂与水的亲和力大于蛋白质与水的亲和力，有机溶剂能够夺取蛋白质颗粒上的水膜；同时，由于在水中加入有机溶剂后，溶液的介电常数降低，加强了同一个或相邻蛋白质分子中相反电荷之间的吸引力，使蛋白质分子趋于凝聚、沉淀。

尿素、胍等有机物除了可以改变介质的介电常数以外，还是一种很强的氢键断裂剂，并能通过提高疏水性氨基酸残基在水相中溶解度的方法，降低蛋白质分子的疏水作用，导致蛋白质变性。表面活性剂如十二烷基硫酸钠也是很强的变性剂，这类化合物在蛋白质疏水区和亲水环境之间起着媒介作用。因此，它们除能破坏疏水相互作用外，还有利于天然蛋白质的伸展。还原剂（半胱氨酸、抗坏血酸、β-巯基乙醇、二硫苏糖醇）可使二硫键还原，因而改变蛋白质的构象。但是，这些性质一般在烹饪中应用很少。

3. 重金属盐作用

重金属盐也能导致蛋白质变性，特别是过渡金属如 Pb、Hg、Cr、Ag 等能使蛋白质强烈变性。这种作用在高于蛋白质等电点的 pH 时更为显著，主要是因为这些重金属离子能与蛋白质的羧基相互作用，生成不溶性沉淀物。这个反应在偏碱性条件下更容易进行。在抢救重金属中毒的病人时，为了减少重金属对机体组织器官的破坏，往往需要病人喝下大量的牛乳、豆奶和生鸡蛋清，目的就是利用这些食物蛋白结合重金属盐，达到解毒的目的。

（三）蛋白质变性在烹饪中的应用

1. 蛋白质热变性的应用

蛋白质在烹饪中的热变性具有很大的温度系数，在等电点时可达 600 左右，即温度每升高 10℃，蛋白质变性的速率是原来的 600 倍。利用蛋白质的高温度系数，可采用高温瞬间灭菌，加热破坏食物中的有毒蛋白，使之失去生理活性。在加工蔬菜、水果时，先用热水烫漂，可使维生素 C 氧化酶或多酚氧化酶变性而失活，从而减少加工过程中维生素 C 由于酶促氧化的损失和酶促褐变。

在烹饪中采用爆、炒、涮等方法，进行快速高温加热，加快了蛋白质变性的速率，原料表面因变性凝固、细胞孔隙闭合，导致原料内部的营养素和水分不会外流，从而达到菜肴口感鲜嫩的目的，并且能保持较多的营养成分不受损失。经过初加工的鱼、肉在烹制前有时先用沸水烫一下，或在较高的油锅中速炸一下，也可达到上述的目的。

蛋白质因加热引起的变性，还可增强大豆食品的适口性。豆腐所具有的滑而软的口感，绝不是向生豆乳中添加卤水就能获得的，而只有预先将豆乳中的蛋白质热变性后，再用钙盐或镁盐使其凝固才能获得上述口感。腐竹也必须在最低热变性温度 60℃，经过 30min 的时间才能形成。

另外，蛋品的烹调和糕点的加工，也是应用了卵蛋白的热变性凝固的性质。

2. 蛋白质其他变性的应用

除了高温之外，酸、碱、有机溶剂、振荡等因素引起蛋白质的变性均可在烹饪中得到应用。

酸奶饮料和奶酪的生产就是利用酸对蛋白质的变性作用，牛奶中的乳糖在乳酸菌的作用下产生乳酸，pH 下降引起乳球蛋白凝固，同时使可溶性的酪蛋白沉淀析出；在制作松花蛋时则是利用碱对蛋白质的变性作用，而使蛋白和蛋黄发生凝固。加酸加碱还可以加速热变性的速率，一般水果罐头杀菌温度较蔬菜罐头低，这和水果罐头中含有机酸较多，加热时更容易引起细菌蛋白质变性有关。

酒精和其他有机溶剂也能使蛋白质变性，鲜活水产品的醉腌就是利用这一原理，通过酒浸醉死，不再加热，即可食用，如"醉虾"、"醉蟹"、"酒醉泥螺"、"平湖糟蛋"等。

制作蛋泡糊类的菜肴（如雪衣豆沙）或制作有些糕点时就是利用鸡蛋清抽打成泡沫状

后，然后加入适量粉类物质调制成蛋泡糊来加工的。蛋清起泡的原理，就是通过强烈快速的搅拌，使液层产生了应力，导致蛋白质空间结构被破坏而引起变性，变性后的蛋白质肽链伸展；由于连续不断的搅拌，不断地将空气掺入到蛋白质分子内部去，肽链可以结合许多气体，使蛋白质体积膨胀，形成泡沫。在蛋泡开始形成后，可加入少许柠檬酸或苹果酸等有机酸。因为这样不仅可以促进蛋清起泡，还可增强蛋泡的稳定性，同时也丰富了菜肴的口味。

二、两性性质和等电点

由于构成蛋白质的多肽链含有一个游离的羧基末端和一个游离的氨基末端，并且有大量的酸碱性侧链基团，主要有侧链中的氨基、羧基、咪唑基、胍基、酚基、巯基等。如赖氨酸的 ε-氨基、精氨酸的胍基和组氨酸的咪唑基，能结合氢离子成为带正电荷的基团，而谷氨酸的 γ-羧基等可离解出氢离子成为带负电荷的基团。所以它与氨基酸相类似，蛋白质也是两性物质。如果以 $H_2N—Pr—COOH$ 代表蛋白质，其两性性质可表示为

$$H_2N—Pr—COO^- \xrightleftharpoons[-H^+]{+H^+} {}^+H_3N—Pr—COO^- \xrightleftharpoons[-H^+]{+H^+} {}^+H_3N—Pr—COOH$$

碱性条件 pH＞pI   等电点 pH＝pI   酸性条件 pH＜pI

上式表明蛋白质在不同 pH 溶液中呈阳离子、阴离子或两性离子。当蛋白质颗粒为两性离子时，即所带净电荷为 0 时的 pH，就是该蛋白质的等电点。凡碱性氨基酸含量较多的蛋白质，等电点就偏碱性，如组蛋白、精蛋白等。反之，凡酸性氨基酸含量较多的蛋白质，等电点就偏酸性。大多数的蛋白质的酸性性质占优势，因此它们的等电点偏酸性，在水溶液中许多蛋白质的等电点在 pH5.0 左右。常见食品蛋白的等电点如表 4-5 所示。

表 4-5　常见食品蛋白的等电点

蛋白质	来源	等电点(pI)	蛋白质	来源	等电点(pI)
胶原蛋白	牛	8～9	小麦胶蛋白	小麦面粉	6.4～7.1
白明胶	动物皮	4.80～4.85	米胶蛋白	大米	6.45
乳清清蛋白	牛奶	5.12	大豆球蛋白	大豆	4.6
乳清球蛋白	牛奶	4.5～5.5	伴大豆球蛋白	大豆	4.6
酪蛋白	牛奶	4.6～4.7	肌红蛋白	牛肌肉	7.0
卵清清蛋白	鸡蛋	4.5～4.9	肌球蛋白	牛肌肉	5.4
卵伴清蛋白	鸡蛋	6.1	肌动蛋白	牛肌肉	4.7
卵清球蛋白	鸡蛋	4.8～5.5	肌溶蛋白	牛肌肉	6.3
(卵清溶菌酶)	鸡蛋	10.5～11.0	肌浆蛋白	牛肌肉	6.3～6.5
卵类黏蛋白	鸡蛋	4.1	血清蛋白	牛	4.8
卵黏蛋白	鸡蛋	4.5～5.0	胃蛋白酶	猪胃	2.75～3.0
小麦清蛋白	小麦面粉	4.5～4.6	胰蛋白酶	猪胰液	5.0～8.0
小麦球蛋白	小麦面粉	4.5～5.5	鱼精蛋白	鲑鱼精子	12.0～12.4
小麦谷蛋白	小麦面粉	6～8	丝蛋白	蚕丝	2.0～2.4

蛋白质在等电点时，它的水化作用、渗透压、溶胀能力、黏度和溶解度都降到最低点。因为在等电点时，蛋白质以两性离子存在，净电荷为零，与水的吸引力小，分子间更趋紧凑，与水的接触面小，所以水化作用弱，因此溶胀能力、黏度都降到最低点。再加上此时蛋白质分子间无电荷间的排斥作用，更容易结合在一起，所以溶解性小，渗透压低。这时蛋白质最容易沉淀下来，这叫等电沉淀。例如牛奶中加酸会有絮状沉淀。为了提高蛋白质的水化作用和溶解度，就要偏离其等电点。一般食品蛋白质等电点都在微酸性 pH 处，故烹饪中一般采用加碱方法来改善食品的水化状况，因为加碱更能远离蛋白质的等电点，使其所带的电荷变多，有利于水化作用，如碱发干货就是典型的例子。

三、吸水性和持水性

（一）蛋白质的吸水性

1. 吸水理论

由于蛋白质分子表面分布着各种不同的亲水基，如氨基、羧基及氨基酸的侧链等，以及蛋白质中的肽键（偶极-偶极相互作用或氢键），能通过氢键、静电引力、疏水作用等形式与水分子相互结合，把无数水的极性分子吸附到蛋白质分子的表面，从而使蛋白质成为高度水化的分子。蛋白质的这种能力称为蛋白质的水化作用。吸附在蛋白质分子表面水层中的水，与一般的水性质不同，它不再具有溶解其他溶质的性质，这一部分水称为结合水。

2. 吸水过程

蛋白质与水结合是一个逐步结合的过程。低水分活度时，先将高亲和力的离子基团溶剂化，然后是极性和非极性基团结合水。从干蛋白质开始，逐步吸水（图4-2），首先形成化合水和邻近水，再形成多分子层水（如步骤①）。如条件允许，蛋白质将进一步水合。这时表现为：蛋白质吸水并膨胀但不引起蛋白质的溶解，最终把大量水物理阻留在分子形成的框架结构内部，这种水化性质叫做蛋白质的膨润性（如步骤②、③）；蛋白质在继续水化中被水分散而逐渐变为胶体溶液（如步骤②、④）。这种水化性质叫做蛋白质的溶解性。具有这种特性的蛋白质叫做可溶性蛋白质。干蛋白质中蛋白质吸水步骤如图4-3所示。

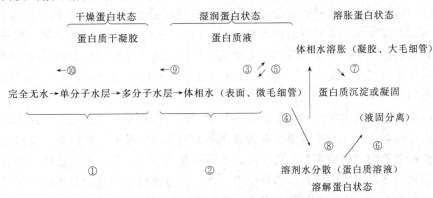

图 4-3　干蛋白质中蛋白质-水相互作用步骤

①—水化作用（结合水）；②—表面吸附、毛细吸附作用；③—溶胀（膨润）作用；
④—溶解或无限溶胀作用；⑤—离浆或收缩脱水作用；⑥—沉淀或凝集作用；
⑦—絮凝、凝固作用；⑧—胶凝作用；⑨—干燥作用；⑩—去水化作用

蛋白质水化作用的直接结果是使蛋白质成为亲水胶体。但水化作用还与其他许多功能有关，它是蛋白质其他胶体性的基础。例如蛋白质的溶解、溶胀、润湿性、持水容量，以及黏附和内聚力（凝集和凝固）都与水化作用有关。烹饪加工中处理的大多数原料，其蛋白质已经处于水化状态，即使干燥食品，其蛋白质也已有相当程度的水化，所以烹饪加工中最重要的是维持蛋白质的水化状态，其次是提高一些低水化食品的水化程度，还可以利用影响水化作用的因素来控制工艺条件。

3. 影响蛋白质吸水性的因素

（1）结构　蛋白质自身的状况，如蛋白质形状、表面积大小、蛋白质粒子表面极性基团数目及蛋白质粒子的微观结构是否多孔等。蛋白质的表面积大、表面极性基团数目多、多孔结构都有利于蛋白质的水化。

（2）浓度　总吸水量随蛋白质浓度的增大而增加。

（3）pH　pH的改变会影响蛋白质分子的电离和所带净电荷的数目，从而影响蛋白质分子间作用力及与水结合的能力。当烹饪原料的pH处于其等电点时，蛋白质与蛋白质之间的相互吸引作用最大，蛋白质的水化及溶胀性最低，这不利于蛋白质结合水能力的发挥和干燥蛋白质的膨润。如动物屠宰后肌肉的pH会随肌肉的无氧糖酵解而降低到等电点，这时的动物肌肉发生尸僵，造成肌肉持水力显著降低，肉质变得僵硬，使烹饪菜肴的质量大大降低。

（4）温度　一般的温度在0～40℃，蛋白质的水合能力随温度的升高而提高，超过此温度则导致蛋白质空间结构破坏而变性聚集。温度升高后，氢键作用和离子基团的水合作用减弱，蛋白质结合水的能力一般随之下降。不过，结构紧密的蛋白质可能因加热而导致内部的极性亲水基暴露，提高吸水能力，改进水合性质。变性蛋白质结合水的能力一般比天然蛋白质约高10%。因为蛋白质变性时，随着一些原来埋藏的疏水基团的暴露，表面积与体积之比增加。

（二）蛋白质的持水性

蛋白质的持水性是指水化了的蛋白质胶体牢固束缚住水并使其不丢失的能力。这些水包括了结合水和自由水。一种食品中的结合水虽然被牢固束缚住，但它的含量有限，而且没有能改善食品良好质感的性能，因此食品的持水性应该从对自由水的控制来体现。

蛋白质的持水性与蛋白质的凝胶结构、水化作用的程度有关，并受pH、离子强度和温度的影响。蛋白质凝胶网络中，存在巨大的比表面和微毛细管，同时高浓度的溶液有高的渗透压，这些因素可控制大量的水分，因此蛋白质凝胶是食品高持水性的结构基础。可以说，食品要有多的凝胶水，才有好的持水性，加工后的水分损失小，质感才嫩。当然，蛋白质的持水性和其水化作用也紧密相关。因为水化作用的高低将影响整个蛋白质-水作用的全过程，影响水化作用的因素，比如pH、离子强度和温度等因素也会影响持水性。高持水性必须以高水化作用为前提，但高水化作用不一定有高持水性，这还要决定于凝胶的结构。

食品在烹饪中持水性或保留水的能力与肉类菜肴的质量有重要关系。加工过程中肌肉蛋白质持水性越好，意味着肌肉中水的含量越高，制作出的菜肴口感鲜嫩。要做到这一点，除了避免使用老龄的动物肌肉外，还要注意使肌肉蛋白质处于最佳的水化状态和有合适的凝胶结构。例如，尽量使肌肉蛋白远离等电点，可用经过排酸或后熟的肌肉进行加工，或者加些碱，这时肌肉的pH高，也可以使用食盐调节肌肉蛋白质的离子强度，使肌肉蛋白质充分水化。另外，还要避免蛋白质受热过度，否则凝胶结构收缩，甚至蛋白质凝固，导致水分的大量流失，要做到这一点，可以在肌肉的表面裹上一层保护性物质，如淀粉，或采用在较低油温中滑熟的方法处理。

四、溶胀现象

（一）溶胀的概念

由于小分子物质钻到蛋白质大分子化合物分子间的空隙中去，导致蛋白质体积胀大的现象称为蛋白质的溶胀现象。烹饪加工中有大量的蛋白质溶胀的实例，如以干凝胶形式保存的干明胶、鱿鱼、海参、蹄筋、鱼唇等原料在烹调前的涨发工艺等。

溶胀所形成的体系叫凝胶。凝胶与溶胶不同，它具有或多或少固体物质的胶体体系。含有极少量固体物质，富于液体的凝胶体系称为液凝胶，比如果酱、凝乳、肉冻等。缺乏液体或完全干的冻状物质称为干凝胶，比如干面筋、明胶薄片等。据实验证明，凝胶是一种多孔的网状结构。液体被机械地包裹在网络内，被完全固定起来，从而使体系失去了流动性。它具有一定的形状和弹性，具有半固体的性质。在肉类组织中，蛋白质处于凝胶状态是肉能保持大量水分的主要原因。

（二）膨润理论

干燥性蛋白质凝胶和适当的液体接触，便主动吸收液体而膨胀，体积变大，这个过程叫做蛋白质干凝胶的膨润。如以干凝胶形式保存的干明胶、鱿鱼、海参、蹄筋、鱼唇等原料在烹调前的涨发工艺等。

一般来说，蛋白质干凝胶的膨润过程有两个基本阶段。

第一阶段是原料依靠蛋白质分子中的亲水基团如—NH_2、—$COOH$、—OH、—SH、$\diagdown C\!=\!O$ 等吸附结合水，这个阶段蛋白质吸收的水量有限，大约每克干物质吸水 $0.2\sim0.3g$，所以这个阶段蛋白质干凝胶的体积不会发生大的变化。

第二阶段是原料大量吸水的阶段，由于凝胶网络中含有各种糖、无机盐、维生素等可溶性营养成分，溶解后在内部形成较大的渗透压，促进大量水通过渗透作用进入凝胶内部，这些水被凝胶中的细胞物理截留，使凝胶体积膨大。

干凝胶的膨润程度可以用膨润度表示：

$$膨润度=\frac{膨胀后样品质量-膨胀前样品质量}{膨胀前样品质量}$$

膨润度是指 1g 干凝胶膨润时吸进的液态的质量。可以通过膨化前后质量的变化来计算其膨润度。膨润程度的大小也可通过膨润前后的体积变化来测定。

（三）影响溶胀的因素

1. 凝胶干制过程中蛋白质的变性程度

干凝胶发制时的膨化度越大，出品率越高。干蛋白质凝胶的膨润与凝胶干制过程中蛋白质的变性程度有关。在干制脱水过程中，蛋白质变性程度越低，涨发时的膨润速度越快，复水性越好，更容易接近新鲜时的状态。真空冷冻干燥得到的干制品对蛋白质的变性作用最低，所以，复水后的产品质量最好。

2. 介质的 pH

膨润过程中的 pH 对干制品的膨润及膨化度的影响也非常大。通过前面的学习，我们知道，蛋白质在远离其等电点的情况下水化作用较大，而一般蛋白质的等电点都偏酸性，所以，许多烹饪原料采用加碱的方法来进行涨发。碱发的干货原料主要有鱿鱼、海参、鲍鱼、莲子等。试验证明，鱿鱼泡发的最佳 pH 为 12，即强碱性，而海参的泡发条件是弱碱性。碱是强的氢键断裂剂，膨润过度会导致制品丧失应有的黏弹性和咀嚼性，碱还容易和蛋白质反应生成有害物质，所以在使用碱发来涨发干货时对涨发的时间以及碱的浓度都要进行严格控制，并在发制完成后充分地漂洗褪碱。

3. 温度

温度对蛋白质干凝胶涨发的影响主要依赖于温度的高低、溶胀所处的阶段以及凝胶蛋白质本身的状态。如果凝胶蛋白质本身变性程度小，又在涨发初期就使用高温热水，会因凝胶的进一步热凝固和收缩导致后期渗透吸水困难。所以，涨发时都不应该先使用热水或加热来处理原料。不过，有一类干货原料如蹄筋、干肉皮，用水或碱液浸泡都不易涨发，这就需要先进行油发或盐发。因为这类蛋白质干凝胶大都是以纤维状蛋白如角蛋白、胶原蛋白、弹性蛋白组成的，组织结构坚硬紧密、水化程度低。若用热油或热盐在 120℃ 左右干热处理原料，其蛋白质受热后部分氢键断裂且肽链振动增大，而且原料中少量水分（包括部分结合水）的蒸汽，被限制在原料组织内部的各种微结构中，其蒸汽压力会迅速上升到能使紧密组织间隙膨大，产生多孔疏松结构，这样利于后期处理中蛋白质与水发生相互作用，吸水而膨大。

五、黏结性

有些蛋白质能在水中完全分散形成蛋白质溶液。由于蛋白质的分子量很大，达到了胶体微粒的大小，在水中形成胶体颗粒，所以蛋白质溶液是胶体溶液，又称溶胶。因为蛋白质分子高度水化，形成了水化层，同时蛋白质酸碱基团的离解使蛋白质分子带上电荷，增大了蛋白质分子间的静电排斥力，因此蛋白质溶液是稳定的胶体溶液。但是与一般的低分子溶液不同，蛋白质溶液具有高黏度、易沉淀、胶凝等胶黏特性。

（一）黏度

流体的黏度反映它对流体的阻力。由于蛋白质分子的体积很大，而且由于水化作用而使蛋白质分子表面带有水化层，更增大了分子的体积，使得蛋白质溶液的流动阻力变大，其黏度要比一般小分子溶液大得多。蛋白质溶液的黏度除与浓度有关外，还与蛋白质分子的形状和表面积状况有关，球形分子蛋白质溶液的黏度一般低于纤维分子蛋白质溶液的黏度。如果蛋白质分子带有电荷（如 pH 值偏离等电点），会增加蛋白质分子表面水化层的厚度，则溶液的黏度变得更大。例如，鲜鸡蛋的蛋清呈碱性，但其主要蛋白的 pI 都在酸性范围，因此具有很高的黏度，在烹饪中常作为黏结剂来使用。了解蛋白质溶液的黏度对制作液态、膏状、酱状和糊状食品（例如饮料、肉汤、汤汁、炼乳、酸奶、沙司和稀奶油等）过程中确定最佳加工工艺具有实际意义。

（二）沉淀

蛋白质分子凝聚并从溶液中析出的现象称为蛋白质沉淀。由于蛋白质所形成的亲水胶体颗粒具有两种稳定因素，即颗粒表面的水化层和电荷。如果没有其他外加条件的存在，蛋白质分子不会互相凝集，但破坏了这两个稳定因素，蛋白质便容易凝集析出。

如将蛋白质溶液 pH 调节到等电点，蛋白质分子呈等电状态，虽然分子间同性电荷相互排斥作用消失了，但是还有水化膜起保护作用，如果这时再加入某种脱水剂，除去蛋白质分子的水化膜，则蛋白质分子就会互相凝聚而析出沉淀；反之，若先使蛋白质脱水，然后再调节 pH 到等电点，也同样可使蛋白质沉淀析出，如图 4-4 所示。

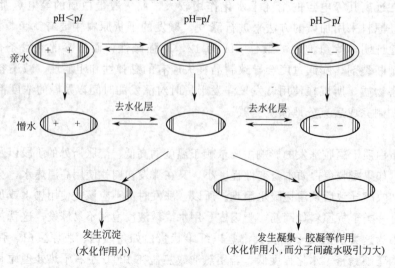

图 4-4　蛋白质去水化、沉淀和凝集
（大椭圆圈表示水化层，小椭圆圈为蛋白质分子，阴影部分为疏水区域）

最常使用的引起蛋白质水化沉淀的试剂是中性盐的浓溶液。盐离子对蛋白质的水化作用与其浓度相关。盐浓度低时许多蛋白质分子表面电荷增加，水化作用增强，溶解度增大，这叫盐溶作用。许多球蛋白可溶于低盐浓度的水中，例如肌肉蛋白质具有盐溶性，所以烹饪中适当地加盐，能增大肉的水化程度和溶解度，使嫩度和持水性得到改善。但当盐浓度升高时，渗透压增大，盐的亲水性反而降低了蛋白质的水化作用，盐类离子与蛋白质分子争夺水分子使蛋白质成为无水化层的憎水胶体颗粒，彼此间又能进一步聚集而沉淀下来，这叫盐析作用。

　　常用的中性盐有硫酸铵、硫酸钠、氯化钠等，盐析沉淀的蛋白质沉淀经透析除盐仍能保证蛋白质的活性，因此利用盐析作用可以从生物组织中分离提取各种蛋白质。

　　蛋白质可以与重金属离子如汞、铅、铜、银等结合成盐沉淀，沉淀的条件以 pH 稍大于等电点为宜。因为此时蛋白质分子有较多的阴离子易与重金属离子结合成盐，形成沉淀。因此，抢救误服重金属盐中毒的病人时，给病人口服大量的蛋白质，如牛奶、鸡蛋清等与重金属中和沉淀，然后用催吐剂将结合的重金属盐呕吐出来解毒。

　　当溶液的 pH 小于等电点时，蛋白质分子以阳离子形式存在，易与生物碱试剂（如苦味酸、鞣酸、钨酸）以及某些酸（如磷钼酸、硝酸、三氯醋酸等）的酸根离子作用，生成不溶性盐而沉淀。

　　另外，可与水混合有机溶剂，如酒精、甲醇、丙酮等，对水的亲和力很大，能破坏蛋白质颗粒的水化膜，在等电点时使蛋白质沉淀。

　　大多数蛋白质在加热时，蛋白质变性、凝固，溶解度会明显地不可逆降低。特别再加少量盐类或将 pH 调至等电点，则很容易发生凝固沉淀。例如，传统工艺豆腐的制作就是蛋白质热变性再加盐类凝固、沉淀的一个例子。

　　（三）胶凝

　　胶凝作用是指蛋白质溶液中蛋白质分子聚集形成有序的、连续的立体网络结构，使蛋白质溶液的流动性失去，转变成固体或半固体凝胶的现象，即溶胶在一定条件下转变成凝胶的现象。如肉汤冷后成为肉冻、豆浆中加入钙镁盐后凝成豆腐等。

　　蛋白质的溶胶是蛋白质分子颗粒分散在水中形成的胶体体系，而凝胶则是水分散在蛋白质分子构成的网状结构中的一种胶体体系。胶凝是溶胶中蛋白质分子之间的吸引力增大所致，必须在蛋白质变性的基础上才能发生。变性后的蛋白质，特定的空间结构被破坏，肽链伸展，原来处于分子内部的一些非极性基团暴露于分子的表面，这些伸展的肽链互相聚集，又通过各种化学键发生了交联，形成了三维网状结构，并将适当的水分固定在网状结构中，形成了一种具有不同透明程度和不同黏弹性的凝胶。

　　蛋白质的胶凝作用与蛋白质溶液分散程度的降低会带来蛋白质不同程度的凝集、沉淀和凝固。凝集一般包括大的复合物的形成，沉淀是指由于溶解性完全或部分失去而导致的液固分离，凝固是蛋白质-蛋白质的强相互作用引起的无序聚集成团现象。而胶凝不是蛋白质溶液分散程度的降低，一般没有液固分离现象，胶凝中一般都没有水的流失。不过，烹饪加工中蛋白质可能同时发生以上变化，产生复杂的结果。例如酸乳形成中，既有沉淀也有胶凝，或者说是胶凝的蛋白质体系从水中沉淀下来，但沉淀物是凝胶，含大量水。又如豆腐在形成过程中也是盐析沉淀、盐胶凝同时发生。

　　通常热处理是蛋白质产生胶凝作用必不可少的措施，因为加热增强了疏水基的相互作用，同时还可以使内部的巯基暴露，促进二硫键的形成或交换，使分子间的网络得到加强。

一般含疏水性氨基酸和巯基多的蛋白质，加热能使它们胶凝。这可称为热胶凝现象，而且这种胶凝多形成不可逆凝胶。例如，肉、蛋等食品加热很容易发生胶凝和凝固现象。

明胶在热水中溶于水形成溶胶，温度下降后又以氢键相连，从而形成不流动的凝胶，这种因温度降低形成凝胶的现象可称为冻凝。加热后凝胶体又能"熔化"成为溶胶溶液，所以明胶是可逆的凝胶。

有些蛋白质不经过加热仅需适度酶的作用（如酪蛋白胶束、卵白和血纤维蛋白）即可发生胶凝，或者添加钙离子；也可以先碱化，然后恢复到中性或等电点pH值（酸化），使蛋白质发生胶凝作用。例如内酯豆腐的形成就是酸化胶凝的例子。

蛋白质的胶凝作用在食品加工中得到广泛应用，如蛋类制品中的"水煮蛋"、"咸蛋"、"皮蛋"，乳制品中的"干酪"，豆类产品中的"豆腐"、"豆皮"等，水产制品中的"鱼丸"、"鱼糕"等，肉类制品中的"肉皮冻"、"水晶肉"、"芙蓉菜"等都是蛋白质凝胶作用的范例。

六、起泡性和稳定性

（一）泡沫的形成

食品泡沫是指气泡（空气、二氧化碳气体）分散在含有可溶性表面活性剂的连续液态或半固体相中的分散体系，其基本单位是液膜所包围的气泡，由连续的水相和分散的气相组成。纯液体很难形成稳定的泡沫，必须加入起泡剂。常用的起泡剂是表面活性剂，多是蛋白质、纤维素衍生物等成分。食品产生泡沫是常见的现象，无论是需要的还是不需要的，在加工过程中都会出现。许多食品属于含泡沫产品，如啤酒、蛋糕、冰淇淋、棉花糖、面包等，烹饪加工中利用蛋清制作的芙蓉类菜肴，也属于食品泡沫。

形成蛋白质泡沫的方法主要有：鼓泡法、打擦起泡法和减压起泡法等。鼓泡法是将气体不断地通入到一定浓度的蛋白质溶液（2%～8%）中，鼓出大量的气泡。打擦起泡法是利用搅打或振荡使蛋白质在界面上充分吸附并伸展，获得大量的泡沫。所以充分的打擦是必需的，但过度也会造成泡沫的破裂，所以，打擦蛋清一般不宜超过6～8min。减压起泡在生产大豆组织化蛋白时常常遇到。

图4-4是鼓泡法形成泡沫示意图。从图4-5可看到，泡沫是经过一个气体分散液阶段形成的，在这个阶段气泡周围有大量的、连续的液体（连续相），该阶段形成的分散液也叫稀泡沫或气乳胶。如果液体的黏度小，这些气泡会直接冲出液面而消失。如果液体黏度大，再加上如果有表面活性剂存在，气泡就能较长时间存在。气泡上升到液面后彼此相连，聚集为

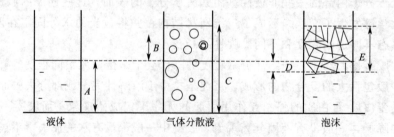

图 4-5　鼓泡法形成泡沫图解

A—原液体体积；B—掺入气体体积；C—气体分散液总体积；

D—泡沫中的液体体积（$=E-B$）；E—泡沫体积；

泡沫体积$=100\times E/A$；膨胀量$=100\times B/A=100\times(C-A)/A$；

发泡力$=100\times B/D$；泡沫相体积$=100\times B/E$

气泡聚集物，这就是泡沫。这些泡沫之间被液膜（薄液层连续相）分开。经过长时间后，其液膜的液体流失，这些泡沫会消泡。如果液膜中的液体含有如蛋白质这样的成分时，液膜中的水流失后，蛋白质仍然可以维持膜结构，从而形成干泡沫状态。例如发泡蛋糕的最终疏松结构就是这样形成的。

（二）起泡性和稳定性

泡沫的起泡能力和泡沫的稳定性是两个不同的概念。起泡能力是指液体在外界条件下，生成泡沫的难易程度。表面张力越低越有利于起泡，通常加入表面活性剂来达到目的。泡沫的稳定性是指泡沫生成后的持久性。液膜能否保持恒定是泡沫稳定的关键，这就要求液膜有一定的强度，能对抗外界各种影响而保持不变。影响液膜强度的因素是表面黏度。表面黏度是指液体表面上单分子层内的黏度，不是纯液体的黏度。蛋白质、皂素等水溶液具有很高的表面黏度，可以形成相当稳定的泡沫。

蛋白质不仅是很好的起泡剂，更重要的是还有稳泡性。因为，蛋白质具有界面特性，能降低表面张力，形成具有一层黏结、富有弹性而不透气的蛋白质膜，能较长时间保持泡沫不破灭。另外，由于蛋白质在液膜中的存在大大提高了液体的黏度，液体的流动性减小，这对泡沫的稳定也有益。例如，加热煮沸汤时，能形成许多泡沫，这就是因为加热使蛋白质变性，它的疏水部分与气体相接触，亲水部分仍在水中，而且变性又使蛋白质分子间凝固在一起，包裹一些气体，形成泡沫。又如搅打蛋清，会得到大量泡沫，也是因打入的空气形成气泡，蛋白质在气泡的水-气界面上吸附、聚集、分子伸展和变性，同时，搅打使蛋白质分子在机械力切割下也变性，形成包裹气泡的蛋白质膜，使泡沫稳定，最后得到大量的泡沫聚集体。

（三）影响起泡和稳泡的因素及应用

起泡性和稳泡性的大小与起泡剂的种类，如蛋白质的种类和浓度、环境的温度、酸碱度、盐离子、溶液的黏度和消泡剂等有关。

1. 蛋白质种类

具有良好发泡性质的蛋白质有卵清蛋白、血红蛋白中的珠蛋白部分、血清蛋白、明胶、乳清蛋白、酪蛋白、小麦蛋白（特别是麦谷蛋白）、大豆蛋白和某些蛋白质的低度水解产物。特别是蛋清蛋白，常作为比较各种蛋白起泡力的参照物。

2. pH

卵清和明胶蛋白虽然表面活性较差，但它们可以形成具有一定机械强度的薄膜，尤其是在其等电点附近，蛋白质分子间的静电相互吸引使吸附在空气-水界面上的蛋白质膜的厚度和硬度增加，泡沫的稳定性提高，不过在等电点时蛋白质的溶解度低，起泡能力并没有提高。

3. 黏度

提高泡沫中主体液相的黏度，一方面有利于气泡的稳定，但同时也会抑制气泡的膨胀。比如在蛋清蛋白中加入蔗糖和甘油时，黏度增大，起泡性减小，但泡沫的稳定性增强，并可防止过度发泡。所以在打蛋泡时，糖可考虑在打擦起泡后加入。

4. 温度

泡沫形成前对蛋白质溶液进行适度的热处理可以改进蛋白质的起泡性能，过度的热处理会损害蛋白质的起泡能力。对已形成的泡沫加热，泡沫中的空气膨胀，往往导致气泡破裂及泡沫解体。只有蛋清蛋白在加热时能维持泡沫结构。

此外，实验表明，在起泡的蛋清蛋白液中加入蛋黄、食盐、酒石酸、油脂，则难以起泡，特别是脂类更能抑制蛋白质的起泡性。所以在打蛋白发泡时，应避免含脂高的蛋黄。相反脂类可作为消泡剂，另外，高级醇、脂肪酸及酯如斯盘 80、硅油、酸、钙或镁盐、磷脂等都是消泡剂。

七、蛋白质的水解

蛋白质是大分子物质，相对分子质量都在 10000 以上。蛋白质不能被生物体直接利用，必须分解成小分子物质以后才能被机体吸收利用。我们把蛋白质在体外的降解反应称为蛋白质的水解；而把蛋白质在体内的水解过程称为消化。

对蛋白质在不同水解时期得到的水解或消化产物进行分析后发现，蛋白质在水解或消化过程中逐渐降解，相对分子质量越来越小，最后成为各种氨基酸的混合物。蛋白质完全水解或消化后得到的氨基酸是蛋白质的基本组成单位。

$$蛋白质 \xrightarrow{酸、碱、酶} 胨 \xrightarrow{酸、碱、酶} 多肽 \xrightarrow{酸、碱、酶} 二肽 \xrightarrow{酸、碱、酶} 氨基酸$$

根据蛋白质的水解程度，可将蛋白质的水解分为完全水解和部分水解。

（一）完全水解

在强酸（盐酸、硫酸）、强碱（氢氧化钠）、高浓度（12mol/L）、高温（100～110℃）长时间（10～20h）的水解条件下，能发生蛋白质的完全水解。完全水解的产物是各种氨基酸。其中酸水解得到的氨基酸是 L-氨基酸。酸水解时有少数氨基酸被破坏，如色氨酸完全被破坏，羟基氨基酸及含酰氨基的氨基酸被分解或水解。碱水解时多数氨基酸被破坏。碱对氨基酸产生消旋作用，所得产物是 D-型和 L-型氨基酸的混合物。

蛋白质的完全水解，尤其是酸水解在食品加工中应用较多，如利用酸水解生产化学酱油、生产营养添加剂氨基酸等。

（二）不完全水解即部分水解

在较温和的水解条件下，会发生蛋白质的不完全水解，如酶水解、稀酸水解。不完全水解产物是各种大小不等的肽段和氨基酸。胨是轻微水解的产物，它仍具有高分子特性，如黏度大，溶解度小，甚至加热可凝固；肽是较小分子的产物，易溶于水，胶体性弱。酶水解的优点是水解条件温和，水解温度通常在 30～50℃，不产生消旋作用，也不破坏氨基酸。缺点是酶水解时间较长且水解也难彻底，中间产物多。在烹饪中，蛋白质一般都不能完全水解。

（三）蛋白质水解在烹饪中的应用

许多氨基酸都具有明显的味感，如甘氨酸、丙氨酸、丝氨酸、苏氨酸、脯氨酸、羟脯氨酸等呈甜味；缬氨酸、亮氨酸、异亮氨酸、蛋氨酸、苯丙氨酸、色氨酸、精氨酸、组氨酸等呈苦味；天冬氨酸、谷氨酸等呈酸味；天冬氨酸钠和谷氨酸钠呈鲜味。在烹饪中对于富含蛋白质和脂肪的原料，若选用长时间加热的烧、煮、炖、煨、焖等烹调技术，蛋白质就会发生水解产生氨基酸和低聚肽，原料中的呈味物质就不断溶于汤中，不但使菜肴酥烂，而且汁浓味厚。如炖牛肉因产生肌肽、鹅肌肽等低聚肽，形成了牛肉汁特有的风味；烧鱼因生成天冬氨酸、谷氨酸以及这些氨基酸组成的低聚肽，所以鱼汤的滋味特别鲜美。

发酵食品中的豆酱、酱油是利用大豆蛋白为原料经酶水解制成的调味品，除了含有呈鲜味的谷氨酸钠外，还有以天冬氨酸、谷氨酸和亮氨酸构成的低聚肽，从而赋予这类食品鲜香的味道。

含有蹄筋、肉皮等结缔组织的原料中含有较多的胶原蛋白，胶原蛋白是很难被人体利用的。所以烹饪这类原料时需要长时间的加热，尽可能地使胶原蛋白水解为明胶，使烹制出来的菜肴柔软、爽滑，便于人体吸收。再如用碱水涨发鱿鱼时要经常检查，涨好就应捞出，不能久浸不出。如果长时间碱浸，会因过度水解而"化"掉。海参同样也有类似的情况。它们易"化"掉的原因，就是胶原蛋白在碱性条件下过度水解而造成的。

八、加热对氨基酸的影响

加热引起的氨基酸的变化主要是由蛋白质分子中的氨基、羧基、侧链基团三者决定的。烹饪加工中，氨基酸的化学变化很多，例如，含还原糖的食品加热时，糖和氨基酸会发生羰氨反应，能生成风味物质和类黑精；对食品进行过度热处理时，会引起氨基酸的脱硫、脱羧、脱氨等反应，从而降低干重、降低氮及硫的含量，严重降低食品蛋白质的营养价值。下面具体介绍加热引起的氨基酸的几种化学反应。

（一）氨基酸与还原糖之间的羰氨反应（美拉德反应）。

羰氨反应指含有氨基的化合物和含有羰基的化合物之间经缩合、聚合而生成类黑精的反应。此反应最初是由法国化学家美拉德于1912年在将甘氨酸与葡萄糖混合共热时发现的，故又称为美拉德反应。由于产物是棕色的，也被称为褐变反应。反应物中羰基化合物包括醛、酮、还原糖，氨基化合物包括氨基酸、蛋白质、胺、肽等。反应的结果是使食品颜色加深并赋予食品一定的风味。比如，面包外皮的金黄色、红烧肉的褐色以及它们浓郁的香味，很大程度上都是由于美拉德反应的结果。但是在反应过程也会使食品中的蛋白质和氨基酸大量损失，如果控制不当也可能产生有毒有害物质。下面介绍一下美拉德反应在烹饪中的应用。

1. 美拉德反应与食品色泽

美拉德反应赋予食品一定的深颜色，比如面包、咖啡、红茶、啤酒、糕点、酱油，对于这些食品颜色的产生都是我们期望的。但有时美拉德反应的发生又是我们不期望的，比如乳品加工过程中，如果杀菌温度控制得不好，乳中的乳糖和酪蛋白发生美拉德反应会使乳呈现褐色，影响了乳品的品质。

美拉德反应产生的颜色对于食品而言，深浅一定要控制好，比如酱油的生产过程中应控制好加工温度，防止颜色过深。面包表皮的金黄色的控制，在和面过程中要控制好还原糖和氨基酸的添加量及焙烤温度，防止最后反应过度生成焦黑色。

2. 美拉德反应与食品风味

通过控制原材料、温度及加工方法，可制备各种不同风味、香味的物质。比如，核糖分别与半胱氨酸及谷胱甘肽反应后会分别产生烤猪肉香味和烤牛肉香味。相同的反应物在不同的温度下进行化学反应，产生的风味也不一样，比如，葡萄糖和缬氨酸分别在 $100 \sim 150 ℃$ 及180℃温度条件下反应会分别产生烤面包香味和巧克力的香味；木糖和酵母水解蛋白分别在90℃及160℃条件下反应会分别产生饼干香味和酱肉香味。

加工方法不同，同种食物产生的香气也不同。比如，土豆经水煮可产生125种香气，而经烘烤可产生250种香气。大麦经水煮可产生75种香气，经烘烤可产生150种香气。可见利用美拉德反应可以生产各种不同的香精。目前，主要用于生产肉类香精。国内已经研究出利用美拉德反应制备牛肉、鸡肉、鱼肉香料的生产工艺。

美拉德反应对于酱香型白酒的风味贡献也很大。其中风味物质主要包括呋喃酮、吡喃酮、吡咯、噻吩、吡啶、吡嗪、吡咯等含氧、氮、硫的杂环化合物。

（二）氨基酸裂解反应和异构化

蛋白质中的氨基酸残基和游离氨基酸在 100℃以上强热，或在强氧化剂、强碱下，都会发生裂解反应。如 α-NH_2、羧基分别脱去，产生 CO_2、NH_3、胺、醛和酮酸等；尤其是侧链上的各种官能团也会脱去，如巯基以 H_2S 方式脱去，或产生其他含硫有机物（硫醇和硫醚），或氧化为亚砜、砜、次磺酸、亚磺酸和磺酸。烹饪中的煸、爆等强热加工中会有这种反应，反应物中有许多是可挥发且能进一步反应的物质，造成食品的气味浓烈。不过这种强热会对食品营养卫生带来问题，如在 200℃以上煎炸、烧烤食品，特别是肉、鱼等高蛋白食品中氨基酸可发生一些环化反应，生成复杂的芳香杂环化合物。其中杂环胺是一类有强致突变作用的化合物，它包括氨基咪唑氮杂芳烃和氨基咔啉类化合物，它们中的 2-氨基-3-甲基咪唑-喹啉等类似物的致突变性最强，应予以重视。

另外，强热或碱性下氨基酸从 L-型变成 D-型的异构化现象，也大大降低了食品的营养质量。所以，烹饪中应该提倡使用一些"加热温度不过高、加热时间不过长"的加工方法，如"炒"、"烧"、"烩"、"煮"等。

（三）其他反应

蛋白质在强热过程中，分子中赖氨酸残基的 α-NH_2，容易与天冬氨酸或谷氨酸的羧基发生反应，形成酰胺键，导致蛋白质很难被蛋白酶水解，因而也难以被人体消化吸收。米面制品经膨化或焙烤后，表面蛋白质的营养价值会遭到一定程度的破坏。又如牛奶中蛋白质含谷氨酸、天冬氨酸较多，在过度强热后，易与赖氨酸发生反应，形成新的酰胺键，使牛奶的营养价值降低。

本 章 小 结

蛋白质是每个生物体细胞组分中含量最为丰富、功能最多的高分子物质。具有三大基础生理功能：构成和修复组织；调节生理功能和供给能量。蛋白质主要由碳、氢、氧、氮 4 种元素组成。

蛋白质结构的基本单位是氨基酸。组成蛋白质的氨基酸只有 20 种，称为基本氨基酸。按氨基酸侧链 R 基的化学结构可以分为：脂肪族、芳香族、杂环族三类。按照生理作用分为：必需氨基酸和非必需氨基酸。必需氨基酸：氨基酸在体内不能合成或合成速率过慢，不能满足人体生长发育的需要，必须依靠食物获得，即亮氨酸、异亮氨酸、赖氨酸、蛋氨酸、苯丙氨酸、色氨酸、苏氨酸和缬氨酸。

蛋白质的一级结构，即蛋白质的基本结构，是各种氨基酸按一定顺序排列构成的蛋白质肽链骨架，是一个氨基酸的 α-羧基与另一个氨基酸的 α-氨基脱水缩合，由形成的肽键连接。具有高级结构的蛋白质才具有生物活性。蛋白质的二级结构是指多肽链中主链原子在各局部空间的排列分布状况，包括 α-螺旋、β-折叠等；蛋白质的三级结构是多肽链在各种二级结构的基础上再进一步盘曲或折叠形成具有一定规律的三维空间结构；构成四级结构中，每条具有独立三级结构的多肽链称为亚基。

蛋白质的分类：按分子形状分为球状蛋白、纤维状蛋白；根据化学组成分为单纯蛋白、结合蛋白；根据溶解度分为可溶性蛋白、醇溶性蛋白、不溶性蛋白；根据蛋白质的营养价值分为完全蛋白、半完全蛋白、不完全蛋白。

蛋白质的变性作用是烹饪过程中最普遍的现象，特别是热变性。变性后的蛋白质分子空间结构破坏，使蛋白质的生物活性丧失。影响蛋白质变性的因素分为物理因素和化学因素。其中温度、pH值、机械作用力等是烹饪加工中常见影响蛋白质变性的因素。大多数蛋白质水化作用较强，可形成凝胶或溶胶体系。蛋白质处于凝胶状态是肉类等食物能保持大量水分的主要原因。蛋白质溶胶有黏度，可发生胶凝作用。蛋白质能在某些因素的作用下发生水解、沉淀等反应。水解产生的各种大小不等的肽段和氨基酸，在烹饪中起着味和风味的前体的作用。蛋白质具有界面特性，是食品加工中很好的起泡剂和稳泡剂。加热氨基酸能发生脱羧、脱氨及其他分解异构反应，能与糖发生羰氨反应使食品生香添色。

思考题

1. 指出蛋白质的元素组成及基本构成单位。
2. 为什么说氨基酸、蛋白质都是两性物质？
3. 等电点时蛋白质的物理性质有何变化？有何应用？
4. 什么是蛋白质的一级结构和高级结构？并指出维系其结构稳定性的化学键。
5. 说明影响蛋白质变性的因素以及变性对烹饪和食品加工的意义。
6. 怎样使蛋白质发生沉淀和凝聚？为什么大多数蛋白溶液加热、加酸、加有机溶剂会沉淀？
7. 蛋白质水化作用是怎样产生的？
8. 什么是凝胶和溶胶？简述凝胶的形成与结构。
9. 什么是膨润和膨润度？简述膨润理论。
10. 干货原料的涨发通常采用什么方法？各依据什么原理？
11. 为什么蛋白质具起泡性、稳泡性？解释搅打蛋清液或加热煮牛奶、肉类会产生大量泡沫的原理。
12. 简述豆腐制作过程中蛋白质的有关变化，为什么制作时需加热和加盐卤？
13. 烹饪加工中蛋白质可发生哪些化学反应？
14. 蛋白质水解过程及产物怎样？有何应用？
15. 说明加热氨基酸会有什么变化以及对烹饪和食品加工的意义。
16. 名词解释：蛋白质系数、等电点、必需氨基酸、蛋白质变性、盐析、溶胀现象、胶凝作用、蛋白质水解

第五章 脂 类

【学习目标】
1. 了解油脂的组成和结构。
2. 掌握油脂的物理性质在烹饪中的功能。
3. 掌握油脂在烹调过程中的化学变化及其对烹调产品品质的影响。
4. 了解类脂的结构及功用。

第一节 概 述

脂类是脂肪和类脂的总称，广泛存在于人体和动植物的组织中，是一类不溶于水而溶于大部分有机溶剂的疏水性物质。脂类，特别是脂肪是人体重要的产热营养素，也是膳食中的主要组成成分。

一、脂类的分类

（一）根据脂类的化学组成分类

1. 简单脂类

简单脂类是脂肪酸和醇类构成的酯，主要包括脂肪和蜡。

（1）脂肪　甘油和脂肪酸形成的酯，在自然界中含量最丰富，约占食物脂类的98%，人体中则超过90%。

（2）蜡　是一种简单的脂类，由脂肪酸与高相对分子质量的醇形成的酯，在植物的叶片上、动物的皮毛、鸟类的羽毛上广泛存在。

2. 复合脂类

复合脂类是由脂肪酸、醇类及其他物质组成的酯，主要包括磷脂、糖脂及脂蛋白。

（1）磷脂　是一种比较复杂的物质，因分子中含有磷酸根而得名，包括由甘油构成的甘油磷脂和由鞘氨醇构成的鞘磷脂。

（2）糖脂　亦称脑苷脂，分子中含有糖、脂肪酸及神经鞘氨醇，是神经组织的重要成分。

（3）脂蛋白　脂类与蛋白质结合在一起形成的复合物，如极低密度脂蛋白、低密度脂蛋白、高密度脂蛋白，是为血液中运输脂类的载体。

3. 衍生脂类

简单脂类和复合脂类的水解产物，仍具有脂类化合物的一般性质，包括脂肪酸及其衍生物、甘油、鞘氨醇等。

（二）油脂

通常根据简单的分类方法进行分类，脂类可分为两大类，即油脂和类脂。其中类脂包括磷脂、糖脂和胆固醇及其酯三大类。99%的动物和植物脂类是脂肪酸甘油酯，一般来说，常温下呈液态的称为油，呈固态的称为脂。油脂即甘油三酯或称为脂酰甘油，是油和脂肪的统称。

1. 来源

天然油脂广泛存在于动植物原料中，植物性油脂主要是集中贮存在果实和种子中，如大豆油、花生油、芝麻油等。动物性油脂主要都贮存于皮下结缔组织、大网膜、肠系膜等处。

2. 在烹饪中的作用

在烹饪工艺过程中，食用油脂是不可缺少的辅助原料。首先，油脂是烹饪加工中主要的传热介质，能够使烹饪原料在短时间内成熟。其次，油脂可赋予食物特殊的色、香、味、形，可以增加油炸食物表面的光滑和色泽。油脂不仅是香味物质的溶剂，而且还能影响这些物质的释放。油脂还能为食物提供独特的口感。油脂熔点的高低是影响食品软度、咀嚼感和滑腻感的决定性因素。油脂还影响食品的质构。

3. 油脂的生理功用

食用油脂是人体不可缺少的营养素，具有重要的营养价值，为人体提供必需的脂肪酸及能量。油脂还能够促进脂溶性维生素的吸收。但脂类在烹调加工过程中也会产生一些不利于人体健康的有害物质，严重影响菜肴的营养价值，必须加以控制。

二、油脂的化学结构

自然界存在最多的脂类化合物是动植物的脂肪（油脂），它是由脂肪酸和甘油组成的一酯、二酯和三酯，分别称为一酰基甘油、二酰基甘油和三酰基甘油，也称脂肪酸甘油一酯、脂肪酸甘油二酯和脂肪酸甘油三酯。油脂的主要成分是甘油和三个脂肪酸组成的三酰甘油酯，如棕榈油中三酰甘油酯占 96.2%，其他甘油酯占 1.4%；可可脂中三酰甘油酯占 52%，其他甘油酯占 48%。

油脂的结构通式如下（式中，R^1、R^2、R^3 分别代表不同脂肪酸的羟基）

$$
\begin{array}{ccc}
CH_2OH & R^1COOH & CH_2OCOR^1 \\
| & & | \\
CHOH & + R^2COOH \longrightarrow & CHOCOR^2 \quad +3H_2O \\
| & & | \\
CH_2OH & R^3COOH & CH_2OCOR^3
\end{array}
$$

如果三酰基甘油中 R^1、R^2、R^3 相同，这样的甘油三酯称为单纯甘油三酯，R^1、R^2、R^3 不同的称为混合甘油三酯。对大多数天然油脂来说，形成甘油三酯的脂肪酸至少有 3 种以上，所以形成混合甘油三酯的种类很多，天然油脂都是混合甘油三酯的混合物。

三、脂肪酸

脂肪酸是甘油三酯的主要成分，油脂的物理、化学性质与其中所含的脂肪酸种类的不同有很大的关系。

（一）脂肪酸的命名

脂肪酸常用简写法表示。简写法的原则是：先写出碳原子的数目，再写出双键的数目，最后标明双键的位置。脂肪酸的表示方法如下所示：

① $C_{x:y}$（不能确定双键的位置）

② $x:y(z)$

③ $x:y^{\Delta z}$

式中，x 表示脂肪酸中碳原子的数目；y 表示双键的数目；z 表示双键的位置。

如软脂酸可写成 16：0，表明软脂酸为具有 16 个碳原子的饱和脂肪酸。油酸写为 18：1(9) 或 $18:1^{\Delta 9}$，表明油酸具有 18 个碳原子，在第 9～10 位之间有一个双键的单不饱和脂肪酸。花生四烯酸写成 20：4 (5,8,11,14) 或 $20:4^{\Delta 5,8,11,14}$，表明花生四烯酸具有 20 个碳原子，分别在 C5～C6、C8～C9、C11～C12、C14～C15 之间各有一个不饱和的双键。

在系统命名时，羧基碳原子总是定为第一位。对于食用油脂来说，如果是有两个以上双键的不饱和脂肪酸（多不饱和脂肪酸），则这些双键也很少有共轭的，一般在双键间夹有亚甲基（—CH_2—）。天然食物中的油脂，其脂肪酸结构多为顺式结构。几种常见脂肪酸的结构和命名如下：

$$CH_3CH_2CH_2CH_2CH_2CH_2CH_2CH_2CH_2CH_2CH_2CH_2CH_2CH_2CH_2COOH$$

十六酸（软脂酸）

$$CH_3CH_2CH_2CH_2CH_2CH_2CH_2CH_2CH_2CH_2CH_2CH_2CH_2CH_2CH_2CH_2COOH$$

十八酸（硬脂酸）

$$CH_3CH_2CH_2CH_2CH_2CH_2CH_2CH=CHCH_2CH_2CH_2CH_2CH_2CH_2CH_2COOH$$

9-十八碳-烯酸（油酸）

$$CH_3CH_2CH_2CH_2CH_2CH=CHCH_2CH=CHCH_2CH_2CH_2CH_2CH_2CH_2COOH$$

9,12-十八碳-二烯酸（亚油酸）

不饱和脂肪酸双键碳原子的编号也可以从离羧基最远的甲基端碳原子算起，所以不饱和脂肪酸甲基端的碳原子称为 n 碳（或 ω 碳），如果第一个不饱和双键所在 ω 碳原子的序号是 3，则为 ω-3 系脂肪酸。所以亚油酸也可以简写为 18：$2\omega6$，这里 18 表示碳原子数，2 表示双键数，ω 后的 6 表示从甲基算起的第六位。一些常见脂肪酸的命名如表 5-1 所列。

表 5-1　一些常见脂肪酸的命名

简写法	系统命名	俗名
4：0	丁酸	酪酸
6：0	己酸	己酸
8：0	辛酸	辛酸
10：0	癸酸	癸酸
12：0	十二酸	月桂酸
14：0	十四酸	豆蔻酸
16：0	十六酸	软脂酸
18：0	十八酸	硬脂酸
20：0	二十酸	花生酸
16：$1^{\Delta9}$	9-十六碳烯酸	棕榈油酸
18：$1^{\Delta9}$	9-十八碳烯酸	油酸
18：$2^{\Delta9,12}$	9,12-十八碳二烯酸	亚油酸
18：$3^{\Delta9,12,15}$	9,12,15-十八碳三烯酸	亚麻酸
20：$4^{\Delta5,8,11,14}$	5,8,11,14-二十碳四烯酸	花生四烯酸
22：$1^{\Delta13}$	13-二十二碳烯酸	芥酸

（二）脂肪酸的分类

天然存在的脂肪酸分子中碳原子数绝大多数都是偶数。分子中仅含有单键的称为饱和脂肪酸，其中，分子中的碳原子数少于或等于 12 个的脂肪酸，称为低级饱和脂肪酸。分子中的碳原子数在 12 个以上的脂肪酸，称为高级饱和脂肪酸。分子中含有双键的称为不饱和脂肪酸，其中，在分子结构中仅有一个双键的脂肪酸，称为单不饱和脂肪酸。分子中含有两个及两个以上双键的脂肪酸，称为多不饱和脂肪酸。

1. 低级饱和脂肪酸

主要有 C_2（乙酸）、C_4（丁酸）、C_6（己酸）、C_8（辛酸）、C_{10}（癸酸）、C_{12}（月桂酸）。除月桂酸外，它们在常温下为液态，水溶性较好。低级饱和脂肪酸往往具有特殊的气味，沸点较低，容易挥发，所以常称为挥发性脂肪酸。主要分布于乳脂、椰子油及月桂酸类油脂（如棕榈仁油和巴巴苏油）中。

2. 高级饱和脂肪酸

主要有 C_{14}（豆蔻酸）、C_{16}（软脂酸）、C_{18}（硬脂酸）、C_{20}（花生酸）、C_{22}（山嵛酸）、C_{24}（掬焦油酸）。它们在常温下为白色固体（蜡状），无气味，不溶于水，主要存在于植物油和动物脂中。

3. 单不饱和脂肪酸

主要有 $C_{14:1}$（豆蔻油酸）、$C_{16:1}$（棕榈油酸）、$C_{18:1}$（油酸）。这些脂肪酸常温下为液态，无气味，主要存在于植物油、鱼类及海产生物中。

4. 多不饱和脂肪酸

较重要的多不饱和脂肪酸有 $C_{18:2}$（亚油酸）、$C_{18:3}$（亚麻酸）、$C_{20:4}$（花生四烯酸）、$C_{22:6}$（DHA）、$C_{20:5}$（EPA）等。这些脂肪酸常温下及在冰箱中都为液态。亚油酸、亚麻酸和花生四烯酸主要分布在植物油中，DHA、EPA 主要产自深海鱼油和海生动物脂肪中。已发现上述脂肪酸对机体正常的生长发育有至关重要的作用，都是机体所需的功能性物质。

第二节　油脂的理化性质

一、油脂的物理性质

（一）色泽和气味

1. 色泽

正常情况下，纯净的油脂是无色的。我们在烹调中使用的各种油脂，往往带有颜色，这与油脂中含有的脂溶性色素物质有关，如脂溶性的类胡萝卜素、叶黄素、叶绿素等。如果油脂中含有叶绿素，油就呈现绿色；如含有的是类胡萝卜素，油的颜色就呈现黄到红色。不同种类的油脂具有不同的颜色。植物油中的色素物质含量较高，所以植物油的颜色较深，如芝麻油为深黄色、菜子油为红棕色。动物脂肪中的色素物质含量较少，所以动物脂肪的色泽往往较浅，如猪油为乳白色、鸡油为浅黄色、奶油中因含有胡萝卜素带有黄色。精炼过的油脂，由于在加工过程中会脱去大部分颜色，所以用它来烹调食物时对菜肴的颜色影响不大，能体现出菜肴本身原料的色泽。

2. 气味

烹饪中所用的各种油脂都具有其特有的气味。食用油脂的气味和组成油脂的脂肪酸有关。含低级脂肪酸较多的油脂都具有挥发性，就会表现出各种特殊的气味。如乳制品的香味就和酪酸（丁酸）等低级脂肪酸有关。此外，油脂的特殊气味还和油脂中的非脂成分有关。如乙酰吡嗪是芝麻油芳香气味的主要成分，而菜子油中的含硫化合物对其香味有重要影响。

烹饪中所用的各种油脂一般不宜长期贮存，因为空气中的氧气、光照、微生物等，会使油脂中的脂肪酸发生氧化分解，产生油脂酸败特有的不愉快的气味，可能会影响烹饪菜肴的质量，甚至会危害人体的健康。

（二）熔点和凝固点

1. 熔点

熔点是指固体脂变成液体油时的温度。由于油脂是不同脂肪酸所组成的甘油三酯的混合物，因此无所谓确切的熔点，天然油脂的熔点仅有一定的温度范围。

油脂的熔点范围主要是由油脂中的脂肪酸组成、分布决定的。一般来说，油脂的熔点随着脂肪酸的碳原子数目的增多而升高。熔点的高低还受分子中双键的影响，相同碳原子数的脂肪酸中含双键越多、熔点越低。含饱和脂肪酸多的油脂熔点高，在常温下呈固态；含不饱和脂肪酸多的油脂熔点低，在常温下呈液态。如硬脂酸的熔点是 69.9℃，而油酸的熔点为 16.3℃。猪油含饱和脂肪酸较多，常温下为固态；而日常食用的植物油含不饱和脂肪酸较多，所以常温下呈液态。

油脂的熔点影响着脂肪在人体消化道内的消化程度。熔点低于 37℃ 时，消化率可达到 97%～98%，原因是油脂在消化器官中易乳化。熔点在 40～50℃，消化率为 90% 左右。熔点高于 50℃ 时，则不易被人体消化吸收。在人体内熔点高的，特别是熔点高于体温的油脂较难消化，营养价值较低。例如羊油、牛油的消化率低于熔点低的植物油。几种食用油脂的熔点与消化率见表 5-2。

表 5-2　几种食用油脂的熔点与消化率

油脂	熔点/℃	消化率/%	油脂	熔点/℃	消化率/%
大豆油	−8～18	97.5	牛油	42～50	89
花生油	0～3	98.3	羊油	44～55	81
奶油	28～36	98	人造黄油	28～42	87
猪油	36～50	94			

2. 凝固点

凝固点是指液体油变成固体脂时的温度。熔化与凝固是一种可逆的物理状态上的变化。油脂的凝固点也不是固定的，各种油脂的凝固点有一定的温度幅度。油脂在低温凝固时存在过冷现象，如猪油的冷却，它能保持几个小时的过冷现象，使得部分猪油在低于熔点温度下还保持着液体状态。正因为过冷现象，使得油脂的凝固点一般比熔点略低，如牛油的熔点为 40～50℃，而凝固点是 30～42℃。

用低熔点油脂烹饪的菜肴放置时不会出现由于油脂凝固导致菜肴外观品质的变化。在制作牛肉、羊肉菜肴时，应注意将温度控制在熔点范围以上，这样可以防止油脂凝固，使菜肴光洁、均匀。使用羊油、牛油时也应该注意这一点。

（三）发烟点、闪点和燃点

油脂在加热时，在避免通风并备用特殊照明的实验装置中觉察到冒烟时的最低温度称为发烟点。油脂大量冒烟的温度通常略高于油脂的发烟点。闪点是指加热时油脂的挥发物能被点燃但不能维持燃烧时的温度。即油脂的挥发物与明火接触，瞬时发生火花，但又熄灭时的最低温度。油脂的燃点是指油脂的挥发物可以维持连续燃烧 5s 以上的温度。不同油脂的发烟点、闪点和燃点是不同的，如表 5-3 所示。

表 5-3　油脂的发烟点、闪点和燃点

油脂名称	发烟点/℃	闪点/℃	燃点/℃
牛油	—	265	—
玉米胚芽油（粗制）	178	294	346
玉米胚芽油（精制）	227	326	389
豆油（压榨油粗制）	181	296	351
豆油（萃取油粗制）	210	317	351
豆油（精制）	256	326	356
菜子油（粗制）	—	265	—
菜子油（精制）	—	305	—
椰子油	—	216	—
橄榄油	199	321	361

发烟点与油脂中游离脂肪酸的含量有关。纯净油脂的发烟点较高，随着游离脂肪酸的含量增加，其发烟点随之降低。这是由于油脂的热不稳定性，在高温下会出现热分解，而产生一些游离脂肪酸。如油脂长时间加热后，发烟点会逐渐降低。所以，新鲜的油脂比长时间加热使用过的油脂发烟点高。如用过的油，不要倒入新油中，炸过的油用来炒菜为宜，尽快用完，切勿反复使用。油脂中游离脂肪酸含量与油脂的发烟点见表5-4。

表 5-4　油脂中游离脂肪酸含量与油脂的发烟点

游离脂肪酸含量/%	发烟点/℃	游离脂肪酸含量/%	发烟点/℃
0.05	226.6	0.5	176.6
0.1	218.6	0.6	148.8~160.4

发烟点还与油脂的纯净度有密切的关系。如烹饪中使用的油脂常混入淀粉、糖、面粉、肉屑等外来杂质，导致油脂的发烟点有所下降。未精炼的油脂存在着小分子的物质，油脂的酸败也会使油脂中混有小分子的溶解物。油脂中含有的杂质越多，酸败程度越严重，油脂中所含溶解物也就越多，发烟点降低幅度越大。

发烟点较低的油脂，在烹饪过程中很容易冒烟，对菜肴的色泽和风味产生很大的影响。此外，油烟逸出油面，也会污染环境，对人的眼睛、鼻子、咽喉有强烈的刺激性，危害人体的健康。在烹饪中最好选择发烟点高的油脂，所以，应该尽量选择精炼后的油脂，还要尽量选择热稳定性高的油脂。

（四）溶解性

油脂难溶于水，而易溶于有机溶剂如乙醇、苯、丙酮等。如人们常用的洗洁精多为有机溶剂，可利用油脂的溶解性而去除油污。油脂在各种有机溶剂中有着较大的溶解度，并随着温度的升高而不断增大。

油脂本身也是一种良好的有机溶剂，脂溶性的维生素能够溶于其中，从而使人体增加对它们的吸收，如吃牛肉炖胡萝卜比吃凉拌胡萝卜吸收的胡萝卜素更多。

（五）油性和黏度

油性是评价油脂形成薄膜的能力的指标。油脂的黏度是评价甘油三酯分子间内摩擦力的指标。甘油三酯分子间内摩擦力越大，油脂的黏度也就越高。另外，甘油三酯中脂肪酸链的长短及饱和程度也影响油脂的黏度，脂肪酸链越长，饱和程度越高，油脂的黏度就越大。这就是为什么动物脂肪的黏度比植物油黏度大的原因。其次，油脂的黏度还受温度的影响，温度越高，油脂的黏度越低，油脂在高温下的流动性增强。

油脂的黏度和油性还可以赋予菜肴滑腻的口感，这是由油脂的黏度和油性决定的。在加工清淡口感的菜肴时，可以优先选用黏度较低的油脂，如色拉油或精炼油；而在烹制厚重口感的菜肴时，可以使用黏度较大的油脂，如猪油；在制作西式菜肴，如色拉时，还可用油脂调配色拉酱，以进一步增加油脂黏度。

二、油脂的化学性质

1. 水解

油脂在酸、碱、酶或加热的条件下都可发生水解反应，水解的产物是甘油和脂肪酸。油脂的水解过程是甘油三酯逐步水解的过程，即先生成甘油二酯和一分子脂肪酸，再生成甘油一酯和两分子脂肪酸，最后形成甘油和三分子脂肪酸。而油脂的水解反应也是可逆的过程，即已经水解的甘油与游离脂肪酸可再次结合生成甘油一酯、甘油二酯、甘油三酯。

$$\begin{array}{ccc} CH_2OCOR' & & CH_2OH & R'COOH \\ | & & | & \\ CHOCOR'' +3H_2O \xrightarrow[\text{加热}]{\text{酸、碱、酶}} & CHOH + & R''COOH \\ | & & | & \\ CH_2OCOR'' & & CH_2OH & R'''COOH \end{array}$$

油脂水解的程度常用酸价表示，油脂的酸价是评定油脂品质的主要指标之一。油脂的酸价是指中和 1g 油脂中游离脂肪酸所需要的氢氧化钾的质量（mg）。新鲜的油脂酸价一般很低，随着贮存时间的延长，尤其是在贮存条件不良时，油脂的酸价会不断提高。

在油脂的贮藏与烹饪加工中，油脂会不同程度地发生水解反应。如油脂在长期贮存时，由于受到微生物的污染会分泌出水解油脂所需要的酶。当油脂中所含杂质和水分较多时，更容易发生水解反应，产物是具有挥发性的低级脂肪酸及低分子的醛、酮、酸，从而使污染后的油脂带有一种令人讨厌的气味。在烹饪过程中，尤其是用热油煎炸含水分较高的食品时，油脂也会发生水解反应，生成游离的脂肪酸。随着油脂温度升高，烹饪时间增长，水解作用就越强。

油脂水解速率还与油脂中游离脂肪酸含量有关。水解反应开始时，油脂中脂肪酸含量很低，油脂的水解速率很慢，随着脂肪酸含量的增加，水解速率加快。随着游离脂肪酸含量的增加，油脂的发烟点随之降低，发烟点降低的油脂在烹饪中很容易冒烟，影响菜肴的色泽与风味，并影响人体的健康。

2. 皂化

油脂在碱性条件下，水解反应不可逆，水解出的游离脂肪酸与碱结合生成脂肪酸盐，即肥皂，所以这个反应称为皂化反应。

$$\begin{array}{ccc} & O & \\ & \| & \\ CH_2-O-C-R & & CH_2-OH \\ & O & & | \\ & \| & & \\ CH-O-C-R +3KOH \xrightarrow{H_2O} & CH-OH +3RCOOK \\ & O & & | \\ & \| & & \\ CH_2-O-C-R & & CH_2-OH \end{array}$$

油脂的皂化值是评价油脂组成的重要指标。完全皂化 1g 油脂所消耗的氢氧化钾的质量（mg）称为该油脂的皂化价。油脂的皂化价与油脂中脂肪酸的平均相对分子质量成反比。油脂的皂化价越大，说明组成油脂中脂肪酸的平均相对分子质量越小，碳链越短。每一种油脂都有其相应的皂化价，如果实测值与标准值不符，说明掺有杂质。对大多数食用油脂来说，脂肪酸的平均相对分子质量为 200 左右。乳脂中含有较多的低级脂肪酸，所以，乳脂的皂化价较大。在加工脂肪含量较高的食品时，如混入强碱，会使产品带有肥皂味，影响食品的风味。

三、加成反应

油脂中的不饱和脂肪酸由于存在不饱和双键，所以很容易发生加成反应，而加成反应主要有卤化反应和氢化反应。

（一）卤化反应

含不饱和脂肪酸的油脂可以与卤素发生加成反应，这类反应称为卤化反应。反应如下：

$$\begin{array}{cccc} H & H & & H & H \\ | & | & & | & | \\ -C=C- & +I_2 \longrightarrow & -C-C- \\ & & & | & | \\ & & & I & I \end{array}$$

每 100g 油脂所能吸收碘的质量（g），称为油脂的碘价。碘价可以用下式表示：

$$碘价 = \frac{2 \times 126.9 \times 双键数目}{脂肪酸的平均相对分子质量} \times 100$$

从上式中可以看出，油脂的碘价与不饱和脂肪酸双键的数目成正比，与脂肪酸的平均相对分子质量成反比。碘价越高，说明油脂中脂肪酸的双键愈多，愈不饱和、愈不稳定，容易氧化和分解。因此，碘价的大小在一定范围内反映了油脂的不饱和程度。我们通常可以把油脂按照碘价的高低来进行分类。油的碘价大于 130 的称为干性油，这类油脂含有大量的不饱和脂肪酸，极易容易氧化，干性强，如桐油，适宜作油漆用。碘价在 100～130 的则为半干性油，如大豆油、芝麻油。碘价小于 100 的属不干性油，这类油脂在贮藏和加工过程中稳定性较好，不宜氧化聚合，如花生油、椰子油、棕榈油等。各种油脂的碘价大小和变化范围是一定的，例如大豆油碘价一般为 123～142，花生油碘价为 80～106，因此，通过测定油脂的碘价，有助于了解它们的组成是否正常、有无掺杂使假等。

（二）氢化反应

植物油含不饱和脂肪酸较多，在常温下一般呈液态，稳定性较差，在食品加工中应用范围较窄。液态油脂在一定催化条件下通入氢气，发生加成反应，可以得到半固态或固态的油脂。在油脂工业中常利用其与 H_2 的加成反应——氢化反应对植物油进行改性，如用植物油经氢化反应制得固态的人造奶油。氢化反应过程如下式所示：

$$\begin{array}{l}
CH_2-O-C-C_{17}H_{33} \\
CH-O-C-C_{17}H_{33} + 3H_2 \xrightarrow[0.8MPa]{Ni,250℃} \\
CH_2-O-C-C_{17}H_{33}
\end{array}
\begin{array}{l}
CH_2-O-C-C_{17}H_{35} \\
CH-O-C-C_{17}H_{35} \\
CH_2-O-C-C_{17}H_{35}
\end{array}$$

氢化反应后的油脂，碘值下降、熔点上升，固体脂的数量增加，这样就可得到稳定性更高的氢化油或硬化油。氢化反应除了用来生产人造奶油、起酥油外，还可用来生产稳定性高的煎炸用油。如稳定性较差的大豆油氢化后的硬化油的稳定性大大提高，用它来代替普通煎炸用油，使用寿命会大大延长。

四、油脂的酸败

食用油脂或含脂肪较高的食品在贮存过程中，由于化学或生物化学因素影响，会逐渐劣化甚至丧失食用价值，表现为油脂颜色加深、味变苦涩、产生特殊的气味，我们把这种现象称为油脂的酸败。酸败主要是由空气中的氧、水分或微生物作用引起的。油脂酸败主要有三种类型。

（一）水解酸败

在合适的条件下，油脂会发生水解反应，主要是由于微生物污染产生的酶引起的水解。该作用导致生成甘油二酯，再水解生成甘油一酯，最后水解成游离的脂肪酸和甘油。反应过程如下：

$$甘油三酯 + H_2O \xrightarrow{脂肪水解酶} 甘油 + 脂肪酸$$

游离的低级脂肪酸会产生令人不愉快的刺激气味，造成油脂的变质，影响食品的感官，这种酸败称为水解酸败。这样的油脂（如黄油）水解酸败较容易，因为其释放出短链脂肪酸如丁酸、己酸及癸酸，这些物质非常容易产生令人厌烦的味道。奶油中的酪酸水解也会产生呕吐的奶臭味。

（二）酮酸酸败

油脂水解产生的饱和脂肪酸，在微生物或酶的作用下发生氧化，最终生成具有特殊刺激臭味的酮酸和甲基酮，所以称为酮酸酸败。

$$RCH_2CH_2COOH \longrightarrow RCHOHCH_2COOH \xrightarrow{\text{脱氢酶}}$$

$$RCOCH_2COOH（酮酸）\xrightarrow{\text{脱羧酶}} RCOCH_3（甲基酮）$$

以上这两种油脂的酸败，主要是由于微生物污染引起。一般情况下，含水和蛋白质较多的油脂，未经过精制的油脂以及含杂质较多的食物，容易受到微生物的污染。所以，通过精炼油脂，杀灭微生物及酶类，降低含水量，在良好的包装及贮存条件下，就可以抑制这类反应的发生。

（三）氧化酸败

油脂的氧化酸败即油脂的自动氧化，是指油脂中的不饱和脂肪酸长期暴露在空气中，氧化成过氧化物，后者继续分解或进一步氧化，分解成低分子的醛、酮、酸等，具有特殊的刺激性气味。醛类是刺激性气味的主要来源，俗称哈喇味或酸败味。

用这种油脂来烹调菜肴或制作糕点可以使食物失去芳香，色泽发生变化，还会使食物带有不愉快的气味，甚至还会产生对人体有害的有毒物质。动物脂肪久放，加之保管不善，往往会出现哈喇味，亦即油脂的氧化酸败等现象。所以火腿不能长期放在日光直射、高温、潮湿的地方，通常应悬挂在室内阴凉、通风、干燥而清洁的地方。含油脂较高的干鱼、冷冻鱼也会因为油脂的氧化酸败而引起肉质的外观很差，出现琥珀色、肌肉干缩，通常称为"油烧现象"。

油脂的氧化酸败同样也对油脂的质量影响很大，使其失去食用价值。油炸过程中，由于不饱和脂肪酸的氧化分解，油脂中必需脂肪酸以及一些脂溶性的维生素也遭到不同程度的破坏，因此油脂氧化酸败后营养价值降低，并且可能会产生对人体健康有害的物质。

1. 影响油脂氧化酸败的因素

（1）脂肪酸的类型　组成油脂的脂肪酸有饱和脂肪酸和不饱和脂肪酸，两者都能发生氧化酸败。但是含饱和脂肪酸较多的油脂往往较难氧化，因为油脂的氧化分解主要发生在不饱和双键上，所以饱和脂肪酸的氧化必须在特殊条件下（如霉菌、光线、氢过氧化物等）才能发生。不饱和脂肪酸的氧化速率与其本身双键数目、位置及几何形状有关。不饱和脂肪酸双键越多，越易氧化。如亚油酸与油酸的氧化速率比为 12.5：1，而亚麻酸与亚油酸的氧化速率比为 2：1。顺式脂肪酸比反式脂肪酸活性强，共轭双键比非共轭双键更易于氧化，游离脂肪酸比酯化脂肪酸氧化速率要高些。

（2）温度　温度升高则氧化速率加快，一般来讲，温度每升高 10℃，油脂的氧化速率加快一倍。在常温下，不饱和脂肪酸的氧化大多发生在与双键相邻的亚甲基上，而当温度高于 50℃时，氧化反应则发生在不饱和双键上。所以低温有利于油脂的保存，并能够保持食品特有的新鲜度，如腌腊制品常在初冬制作。

（3）光线　油脂及含油脂高的食物在贮存过程中会受到光照的影响，而光线是有效的氧化促进剂，能加快油脂的酸败速度。其中以紫外光的光照能量最强，而油脂中不饱和脂肪酸的双键，特别是共轭双键能强烈地吸收紫外光。所以，紫外光对油脂的自动氧化的影响最大。光线不但能促进油脂的氧化，而且还使得油脂氧化后产生特别难闻的气味。

（4）氧气　油脂的自动氧化只有在氧的存在下才能发生。油脂直接与空气中的氧气接触，会加速氧化。例如在相同条件下，贮存油脂的容器加盖与无盖相比，其氧化速率后者较大。盖子打开的次数增多，氧化速率也相应地增加。厨师灶台上的油罐常敞口放置，且周围环境温度很高，这是极不利于油脂保存的。

（5）金属离子　许多金属都能够促进油脂的氧化。如铝、铜、锰、铁、镍等，它们都是油脂氧化的催化剂。虽然它们在油脂中的含量极微，但是作用却很大。由于这些金属的存在，提高了油脂的氧化速率，明显地缩短了油脂的保存期。在金属中尤其是铜的作用最为敏锐，只要有极微量铜的存在，就能促进油脂的氧化。不同金属对油脂氧化反应的催化作用的强弱如下：

铅＞铜＞黄铜＞锡＞锌＞铁＞铝＞不锈钢＞银

食品中的金属离子主要来源于加工贮藏过程中所用的金属设备，所以在油脂的制取、精制及贮藏过程中，最好使用不锈钢材料的设备。

（6）水分　水分对油脂的氧化也有一定影响。纯净的油脂水分要求很低，主要是为了防止微生物的生长，确保油脂不能氧化。对水分含量较高的食品来说，控制水分活度能有效地抑制油脂自动氧化的进行。体系中的水分含量特高和特低时，氧化速率都很快，如在水分活度小于0.1的干燥食品中，油脂的氧化速率很快；而当水分活度为0.3时，油脂中的水分含量相当于单分子层吸附的水平时，由于单分子水层的保护作用，油脂的稳定性最高，这时往往达到一个最低的油脂氧化速率；当水分活度在此基础上继续增高时，氧化速率增快。

2. 油脂酸败的预防

为了防止油脂的自动氧化，应采取以下措施。

（1）避光　光线能促进不饱和脂肪酸的氧化，尤其是紫外线能加速油脂的氧化。所以，贮存油脂时，应尽量避免光照。油脂最好保存在避光的容器中，富含油脂的食品也应该用有色包装，避免光线直接照射。

（2）隔绝空气　油脂的自动氧化离不开空气中的氧气，油脂贮存时要减少与空气直接接触的机会与时间。

（3）低温保存　油脂的氧化速率随着温度的升高而加快，低温有利于油脂的贮存以及富含油脂食品的保鲜。油脂应最好在阴凉处贮存。

（4）防水　水分对油脂氧化有很大的影响，可采用加热的方法除去油脂中的水分。

（5）加抗氧化剂　在油脂中添加抗氧化剂能够延缓、抑制油脂的自动氧化，防止油脂的酸败。天然油脂中含有的胡萝卜素、维生素E、芝麻酚、卵磷脂等都是很好的抗氧化剂。烹饪过程中常用的香料，如丁香、花椒、桂皮、茴香、生姜等都具有抗氧化性能。

第三节　油脂在烹饪中的应用

一、传热

油脂的热容量比水小，在热量相等的情况下，油脂的温度上升得要比水快1倍多。油脂沸点较高，在加热过程中，油温上升很快、上升幅度较大，能够很快达到高温。停止加热后，油脂温度下降也较快，这样便于在烹调过程中调节火力。

油脂在较短的时间内能够获得较高的温度，这样可以在短时间内杀灭烹饪原料中的大部分微生物；在煎、炒、炸、爆、熘等烹调方法中，油脂能迅速地将热量传给食物，使菜肴快速成熟，这样能降低菜肴中营养素的损失；油脂能缩短加热时间，对于烹饪原料的持水性能有重要的影响，烹制含水量大、质地新鲜的原料，在烹饪过程中可以避免汁液的过分流失及营养素的流失，从而使菜肴有柔嫩的口感和良好的风味。

二、菜肴的保温

保温，就是保持菜肴的温度。油脂不溶于水，是热的不良导体，能在汤汁表面形成隔热层，防止汤类菜肴的热量散发。如由主、辅、调料，再加上汤汁盛于一器皿内的菜肴，因汤汁中油脂含量较大，出锅后可以较长时间保持高温，保温的效果好，如红煨牛肉等。又如云南的"过桥米线"，将煮沸的鸡汤舀到汤碗中，由于鸡汤表面油脂的保温作用，客人食用时将鱼片、肉片、蔬菜及米线等易熟的原料放入鸡汤中烫熟后食用。淮扬菜"平桥豆腐"在烹制时加入猪油再煮制一段时间，菜肴色泽明亮、吃口滑嫩，最关键的是油脂可以起到保温的作用，即使在冬天也可以长时间食用。

三、赋予菜肴的香气

油脂在加热后会产生游离的脂肪酸和具有挥发性的非脂成分，部分物质散发在空气中，或进入汤中，从而使菜肴具有特殊的香味。

油脂也是芳香物质的溶剂，因为大多数芳香物质都是脂溶性的，油脂能将加热形成的芳香物质由挥发性的游离态转变为结合态，使菜肴的香气和味道更加柔和与协调。如在烹饪菜肴时，常将葱、蒜、姜、辣椒等调味料在热油锅中煸炒，调味料中的芳香物质才能溶于油脂而产生特殊的芳香味。

四、提高菜肴的色泽

恰当地利用油脂的色泽，能起到色味俱佳的效果。例如，猪油色泽亮白，能够保持原料本色，适宜烹制鲜嫩的动、植物性原料，使菜肴色泽鲜明、洁白光亮、口感滑嫩；芝麻油色泽深黄，适宜炸制一些着色的菜肴，可获得外层香酥、色泽金黄的效果；奶油色泽洁白，气味芳香，适宜扒菜和做糕点，不仅颜色美观，而且还独具风味。如炒芙蓉鸡片，白色的鸡片、黑色的木耳、红色的火腿、绿色的豆苗，色调淡而艳；滑溜里脊，汁白、肉嫩，如果用植物油，就会影响菜肴的色泽和口味。

某些蔬菜在过油后，油脂的油性使之呈现出鲜亮的绿色。这是由于油脂能在蔬菜表面形成一层薄的油膜，阻止或减弱了蔬菜中呈色物质的氧化或流失，同时也起到护色的作用。又如爆炒类的菜肴，勾芡后适时淋入适量的油脂，大部分油脂会吸附在芡汁和菜肴的表面，形成一层薄薄的油脂层，犹如"镜面"一样可以把照射在菜肴表面的光线反射出去，使菜肴的光泽度增加，亮度增强，可以使菜肴光亮剔透，提高观感，增强进餐者的食欲。例如爆炒腰花、炒猪肝等菜肴，都是通过油脂来达到提高菜肴的光泽度。

五、润滑作用

烹饪中常用的油脂有一定的润滑性，油脂的润滑性在菜肴的加工过程中有着广泛的应用。油脂的润滑作用主要有两点好处：一是减少菜肴和锅壁的摩擦，避免粘锅现象，使晃锅和翻锅更容易，从而有效保持菜肴形状的完美；二是提高菜肴的润滑度，改善菜肴质感，更利于人们食用。

烹调前，炒锅先用油润滑后，将油倒出，然后将锅上火烧烤，再加底油进行烹调，防止原料粘锅，避免糊底，保证了菜肴的质量。进行热菜烹调时，在菜肴成熟后即将出锅时根据成菜的具体情况淋入一定数量的油脂，这样可使菜肴质地润滑度明显提高。另外，将调味料、上浆后的主料（丁、丝、片、条、块），在下油锅前加些油，有利于原料散开，便于成形。烹制清炒虾仁时，在用水淀粉和蛋清上浆时，还可加入少量的植物油，这样由于油脂在淀粉表面形成薄膜，起到分散淀粉的作用，成品虾仁不易粘连，能够保持虾仁的形状，外观也非常漂亮。

在面点的成形中适当用些油脂，能降低面团的黏着性，从而便于操作，比如在制作馓子、麻花时，在手上和案板上涂点油脂，可以使得面团不粘连，面条之间也不粘连，从而更利于成形。在制作面包等焙烤食品时，加入少量的油脂可以在面筋表面形成薄膜，阻止面筋过分粘连，使成品的质构和口感更为理想。

六、起酥作用

油脂的起酥作用常常用于面点的制作中，特别是在制作酥性面点时，油脂是必须添加的主要原料之一。酥性面团之所以能起酥是因为在面团调制时，是用油和面一起调和的。面粉颗粒被油脂包围时，面粉粒中的蛋白质和淀粉不能吸收水分。蛋白质在没有水的条件下不能形成坚实的面筋网络，而淀粉颗粒不能膨胀、糊化，降低了面团的黏性与弹性。当面团在反复揉成团时，扩大了油脂与面团的接触面，使油脂在面团中能够伸展形成薄膜状，覆盖于面粉颗粒的表面，在反复揉面过程中包裹进去了大量的空气，从而使面点在加热过程中膨胀而酥松。由于油脂具有润滑性，使得面团变得十分滑软，这样的面团经烘烤后能使成品的质地、体积和口感都达到较为理想的程度。

不同种类的油脂的起酥效果是不同的。猪油的可塑性、起酥性较好，常用于酥性面点的制作中。而植物油如花生油、菜子油、大豆油等虽然具有一定的起酥性，但是起酥性不如猪油，故在制作酥性面点时不常用。

七、乳化作用

油脂与水是两种不相溶的液体，但如果在油水混合物中加入少许乳化剂，如一酰基甘油，也称为单甘酯、蛋黄中的卵磷脂或是蛋白质（如豆乳或牛乳）等，在强烈的搅拌下，油脂以小液滴的形式分散在水中，形成一种不透明的乳状液，该过程叫乳化作用，即油脂能够在乳化剂的作用下，与水形成乳状液。如"奶汤鲫鱼"就是利用鲫鱼中的鱼油、烹调用油与水形成乳状液。油脂的乳化有利于人体的消化吸收。

乳状液是一种或几种液体以液滴形式分散在另一不相混溶的液体之中所构成的分散体系，通常把乳状液中以液滴形式存在被分散的一相称作分散相或内相，另一相则称作分散介质或外相。显然，内相是不连续相，外相是连续相。

根据内外相的性质，乳状液主要有两种类型，一类是油分散在水中，这类乳状液是最常见的，如牛奶、稀奶油、蛋黄酱、色拉调味料、冰淇淋配料等，简称为水包油型乳状液，用O/W表示；另一种是水分散在油中，如奶油、人造奶油、原油、香脂等，简称为油包水型乳状液，用W/O表示。除上述两类基本乳状液外，还有一种复合乳状液，因为油、水相不一定是单一的组分，每一相都可能包含多种组分。如肉类乳状液，以加工成丸子的肉糜为例，其中肉中的水和水溶性的调味料构成连续相，而肉中的脂肪分散在其中，肉中的蛋白质相当于乳化剂。为了使分散体系稳定，还可以加入一些稳定剂，如淀粉、鸡蛋等。

第四节　油脂在烹调加热中的变化

烹调用的油脂常常是在加热情况下使用的，如在过油、爆炒、煎炸时，往往需要油脂在高温下进行操作。油脂的使用温度，在多数情况下要大于150℃，如炒菜时油温一般为

180～200℃，煎炸时油温要达到250℃。由于烹饪加热中油温较高，油脂就很容易发生各种氧化、分解、聚合反应，从而导致油脂增稠、颜色加深、分解、泡沫增多、发烟点下降、产生异味等现象。餐饮业，由于油脂循环使用次数较多，累积加热时间较长，更容易发生这些变化，因此会对烹调中的食物产生一定的影响，甚至会直接影响身体健康。

一、油脂的热分解

油脂的热分解是指油脂在加热的条件下发生分解，其产物为游离脂肪酸、不饱和烃以及一些具有挥发性的小分子物质。油脂的热分解的程度与加热的温度有关。油脂在加热还没达到其沸点之前就会发生分解作用，在加热到150℃以下，热分解程度很轻，分解产物也较少。随着温度的升高，当加热至250～300℃时，分解作用加剧，分解产物的种类增多。当油脂达到一定的温度，尤其是当油脂加热至发烟点以后其质量开始劣化即开始分解，并产生多种毒害物质。不同油脂的分解温度是不一样的。牛油、猪油和多种植物油的分解温度均在180～250℃，人造黄油的分解温度在140～180℃。

油脂的热分解不仅使油脂的营养价值下降，而且还会产生一些对人体健康有害的物质。如食用油脂在高温加热的情况下，不仅使脂肪本身的化学结构发生了改变，影响人体对它的消化、吸收，而且油脂中的脂溶性维生素及必需脂肪酸会被氧化破坏，使油脂的营养价值降低。又如，油脂的热分解能产生具有挥发性和强烈辛辣气味的丙烯醛，它对人的鼻腔、眼黏膜有强烈的刺激性。

因此，我们应该熟悉油脂的热分解温度，在使用油脂时尽可能避免维持过高的油温。用于油炸菜点的油脂，油温应该控制在200℃以下，以控制在150℃左右最佳，以减少有害物质的生成。对于专门用于油炸食物的油脂，必须经常更换新油。对已经变色、变味、变稠、变黏的油脂，则不能再使用。

二、油脂的热氧化

油脂的热氧化是指油脂在加热条件下与空气接触时所发生的氧化反应。油脂热氧化与热分解的产物类似，主要的氧化产物有游离脂肪酸、酮、醛、烃等。所不同的是热氧化是在有氧的条件下，而且生成产物所用的温度和时间都低于热分解。如饱和甘油酯在空气中加热到150℃就会发生热氧化。

与热分解反应类似，饱和脂肪酸及其酯的热氧化稳定性要比相应的不饱和脂肪酸及其酯稳定。不饱和脂肪酸在常温下会发生自动氧化，而在高温条件下热氧化与热分解会进行得很迅速，也很彻底。

需要注意的是，油脂的热分解与油脂的热氧化是同时进行的。反应的结果是产生大量的小分子物质，这在有氧条件下更显著。这些物质的出现，使油脂的发烟点大大降低，油脂的烹调质量明显下降。

三、油脂的热聚合

当加热到300℃以上或长时间加热时，油脂不仅会发生热分解，其分解产物还会继续发生热聚合反应，生成多种形式的聚合物。如己二烯环状单聚体，能被人体吸收且毒性较强；二聚体是由两分子不饱和脂肪酸聚合而成，也具有毒性；而三聚体和多聚体因为相对分子质量较大，且不容易被人体吸收，所以毒性较小。此外，油烟中也含有一定量的3,4-苯并芘，是一种强烈的致癌物质，因此长期食用油炸食品对人体的健康有害。

油脂经长时间高温加热后，由于聚合物的增加，油脂颜色加深，黏度增加，甚至成为黏稠状，还会产生较多的泡沫，这些都是由于油脂在加热中发生聚合反应的结果。

四、油脂的老化

反复经过高温加热的油脂,色泽变深,黏度变稠,泡沫增加,发烟点下降,产生异味,这种现象称为油脂的老化,也可叫做油脂的劣化。油脂老化不仅使油脂的质量下降、营养价值降低,而且也使烹饪的菜点风味品质下降,更重要的是会产生很多有害物质。

影响油脂老化的因素主要有以下几个方面。

（一）油脂的种类

油脂的老化与油脂饱和程度有很大的关系,含不饱和脂肪酸较多的油脂的老化速率要远大于含饱和脂肪酸较多的油脂,即油脂的不饱和程度越高,油脂越容易老化。

大豆油、菜子油等,其所含的脂肪酸不饱和程度高,也较易老化,这类油只适合于一次性使用,如烹调菜肴,而不适于反复煎炸使用。棕榈油、花生油及葡萄籽油等,其稳定性最好。这类油脂可在长时间、高温、水分存在及接触空气等苛刻的加工条件下而不容易发生变质,同时,它们的发烟点也较高,可用来烹饪需要在250℃高温下煎炸的食物。如棕榈油非常适用于油炸鱼排、鸡肉、马铃薯片等这样含水量高的食物。

（二）油温

烹调过程中,油温越高,油脂的氧化分解越剧烈,老化的速率越快。尤其是在油温高于200℃时,油脂的老化速率更快。所以,不要用油温过高的油脂来烹饪菜肴,一般最好不要超过150～180℃。在烹饪中对于油温的判别很重要,有经验的厨师一般可通过观察油表面的状态来判断油的温度。油温与油脂表面状态的关系如表5-5所示。

表5-5　油温与油脂表面状态的关系

油温/℃	状态	油温/℃	状态
50～90	产生少量气泡,油面平静	170～210	少量青烟,油表面有少许小波纹
90～120	气泡消失,油面平静	210～250	有大量青烟产生
120～170	油温急剧上升,油面平静		

（三）与氧气的接触面积

油脂暴露在空气中,与氧气接触的机会增多,会使其老化速度大大增加,所以油脂在贮存过程中要尽量避免与氧气接触。油脂与氧气的接触面积越大,油脂的老化速率越快。在油炸食品烹调过程中要尽量减少油脂与氧气的接触面积,可选择口小的深形炸锅,并加盖隔绝氧气。在我国的一些传统食品加工中,如炸油条,常使用口大的敞口子锅,这样会使油脂很容易酸败。近年来,已经使用了一些新型的油炸设备,这些设备具有能通入惰性气体排除空气的装置,有的还具有隔绝空气的装置,能够避免油脂与氧气接触,防止油脂老化,延长油脂使用寿命,提高产品的质量。

（四）金属催化剂

油脂的老化也会受到铁、铜等金属离子的影响。为了减少金属离子的催化作用,降低油脂老化速率,应可能选择精炼油脂进行烹调加工。同时,为了避免含有上述金属离子,油炸类食品不适宜用铁锅、铜锅来煎炸,而应该使用含镍不锈钢的容器进行油炸。

（五）油炸物的水分含量

如果油炸食物的含水量较高,尤其是食物表面的含水量,会使油脂发生水解反应,同时微生物也能在其中生长,导致油脂发生氧化。因此烹饪过程中要尽量减少油炸食物的水分含量,如炸茄子之前可以先将茄子中多余的水分盐渍除去;或在食物表面裹上一层隔绝物质,如淀粉等,这样做也有助于避免食物中水分过分流失,使食物鲜嫩多汁。

（六）加工方式

在总加热时间相同的情况下，油脂在连续加热情况下产生的老化要远远高于间歇式加热产生的老化。因此，不宜长期、反复地使用同一油脂，要经常按期更换新油。对于使用过的油，应及时捞出油脂中的食物残渣，因为这些杂质会吸附微生物、水分，为细菌生长创造条件，这样往往能加快油脂的老化。烹饪中油脂的温度不能过高，油温宜控制在200℃以下，不要在锅内无原料的前提下空烧油锅。

本 章 小 结

脂类物质是一大类溶于有机溶剂，而不溶于水的化合物，是构成生物细胞不可缺少的物质。脂类可分为两大类，即油脂和类脂。其中，油脂是烹饪加工的重要原料，在烹饪加工中油脂扮演了非常重要的角色。

油脂的主要成分是甘油和三个脂肪酸组成的三酰甘油酯，脂肪酸是三酰基甘油的主要成分，对油脂的物理、化学性质起较大作用。自然界中存在的主要的脂肪酸为饱和脂肪酸、单不饱和脂肪酸及多不饱和脂肪酸，尤其是多不饱和脂肪酸还是重要的功能性物质。

食用油脂是烹饪菜肴和制作面点时不可缺少的原料，它的物理、化学性质，在烹饪中有着多种不同的应用。可以赋予烹饪食物特殊的风味，还影响食品的质构。油脂在加热过程中，特别是在较长时间的高温加热过程中，能发生一系列的化学反应，从而导致油脂增稠、颜色加深、分解、泡沫增多、发烟点下降、产生异味等现象。因此会对烹调中的食物产生一定的影响，甚至会直接影响身体的健康。了解油脂在烹饪加热时的变化，对烹饪工作者是非常必要的。

思考题

1. 简述油脂在烹饪中的作用。
2. 简述天然油脂中脂肪酸的种类。
3. 简述油脂的颜色、味道及香气的来源。
4. 在滑炒虾仁前，在挂水淀粉的虾仁中加入适量的植物油的作用是什么？
5. 油脂在烹调加工中的作用有哪些？
6. 油脂在贮藏和加工中的水解对其质量有何影响？
7. 油脂氧化酸败对油脂有何影响？如何控制油脂的酸败？为什么？
8. 为了防止油脂的自动氧化，应采取哪些措施？
9. 影响油脂老化的因素有哪些？
10. 油脂在热烹调过程中发生哪些变化？对油脂和烹饪加工有什么影响？

第六章 糖 类

【学习目标】

1. 了解糖类的概念、分类。
2. 掌握与烹饪应用密切相关的单糖和双糖的物理、化学性质。
3. 掌握几种重要的单糖和双糖及其在烹饪中的应用。
4. 掌握淀粉的物理、化学性质及其在烹饪中的应用。
5. 理解纤维素、果胶物质、琼脂在烹饪中的应用。

第一节 糖 类 概 述

一、糖类的存在与功能

（一）糖类的存在

糖类是自然界数量最丰富的有机物质，广泛分布于动物、植物、微生物中。是绿色植物经过光合作用的产物，在植物体中约占其干重的 $50\%\sim80\%$，动物干重的 2% 左右。如粮食及块根、块茎中的淀粉；绿色植物皮、秆等中的纤维素；动物体内的糖原；食用菌中的多糖，如香菇多糖、茯苓多糖、灵芝多糖、昆布多糖等；昆虫、蟹、虾等外骨骼糖，几丁质；细菌、酵母的细胞壁糖；结缔组织中的肝素、透明质酸、硫酸软骨素、硫酸皮肤素等；核酸中的糖、糖蛋白中的糖等。丰富的糖资源被广泛地应用于食品、医疗、工业等诸多行业。

（二）糖类的功能

① 糖类是人和动物体主要的供能物质。植物的淀粉和动物的糖原都是能量的贮存形式。在人类膳食中，有 $60\%\sim70\%$ 的能量来自糖类。

② 作为蛋白质、核酸、脂类等生物合成的碳源。为蛋白质、核酸、脂类的合成提供碳骨架。

③ 细胞的骨架。纤维素、半纤维素、木质素是植物细胞壁的主要成分，肽聚糖是原核生物细胞壁的主要成分。

④ 糖蛋白、糖脂等具有细胞识别、免疫活性等多种生理活性功能。

二、糖类的概念与分类

（一）糖类的概念

糖类是多羟基（2个或以上）的醛类或酮类的化合物，在水解后能生成多羟基醛、多羟基酮的一类有机化合物。在化学上，这类化合物都是由 C、H、O 三种元素组成，化学式符合 $C_n(H_2O)_m$ 的通式，表现上类似于"碳"与"水"的结合，故又称之为碳水化合物。例如，葡萄糖的分子式为 $C_6H_{12}O_6$，可表示为 $C_6(H_2O)_6$；蔗糖的分子式为 $C_{12}H_{22}O_{11}$，可表示为 $C_{12}(H_2O)_{11}$ 等。但有的不符合 $C_n(H_2O)_m$ 的通式，例如，鼠李糖（$C_5H_{12}O_5$）、脱氧核糖（$C_5H_{10}O_4$），它们仍属于糖类。同时，有些化合物的组成符合 $C_n(H_2O)_m$ 的通式，例如甲酸（CH_2O）、乙酸 $[C_2(H_2O)_2]$、乳酸 $[C_3(H_3O)_3]$ 等，但它们却不是糖类。因此，碳水化合物的称呼并不恰当，将它们称之为糖类更加合理。

（二）糖类的分类

糖类还可根据结构单元数目分为：单糖、寡糖、多糖、结合糖、糖的衍生物。

1. 单糖

单糖是不能被水解成更小分子的糖。单糖一般含有 3～6 个碳原子，如丙糖、丁糖、戊糖、己糖等。根据分子中所含的是醛基还是酮基，单糖又可分为醛糖和酮糖。如葡萄糖为己醛糖，果糖为己酮糖。单糖中最重要的主要是葡萄糖、果糖、乳糖等。以下介绍几种重要的单糖结构。

（1）开链式结构

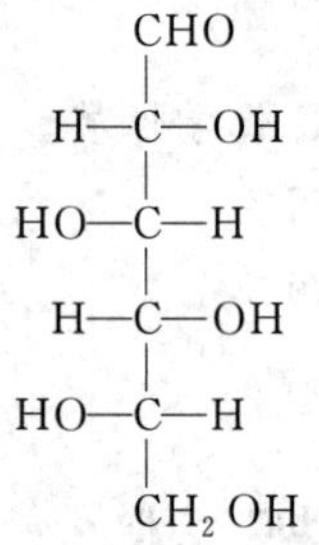

L-型葡萄糖 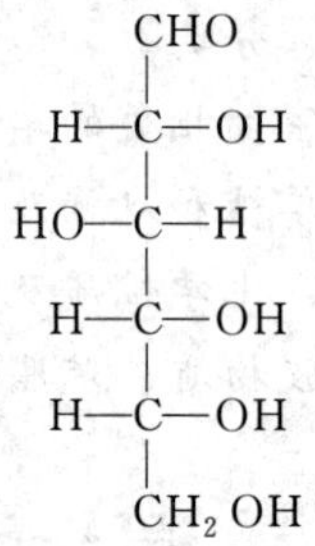   D-型葡萄糖

（2）环状结构

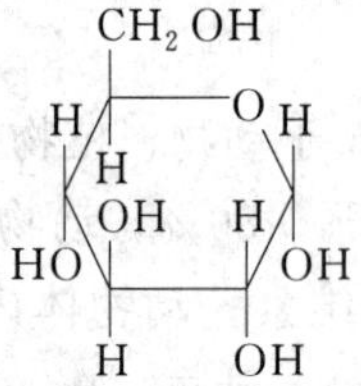

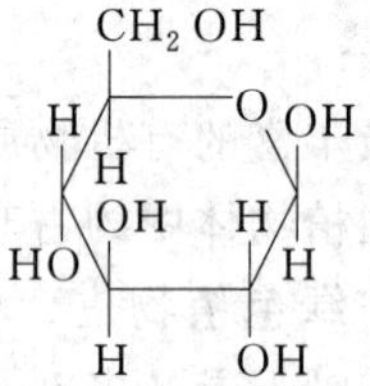

2. 低聚糖

低聚糖又称寡糖，系由 2～10 个单糖分子通过糖苷键形成的糖。完全水解后得到相应分子数的单糖。根据聚合度又分为双糖（蔗糖、乳糖、麦芽糖、海藻糖）、三糖（麦芽丙糖、棉籽糖）、四糖（麦芽丁糖）等，其中以双糖的分布和应用最为广泛，因此本章重点介绍双糖的有关知识。

双糖，是指单糖分子中的半缩醛的羟基和另一个单糖分子的羟基共失一分子水而生成的化合物。失水的方式可能有两种：①一分子单糖中的半缩醛羟基和另一分子单糖中的半缩醛羟基失水，两个单糖的羰基都成了缩醛（缩酮），不能发生羰基的反应，称为非还原糖，如蔗糖。

蔗糖是自然界中分布最广的双糖，一般来说，凡是带有甜味的植物原料中都有蔗糖存在，如甘薯、蔬菜、水果等。蔗糖在甘蔗和甜菜中含量特别多，制糖业就是以它们为原料来制取甜味糖的，故又称为蔗糖。蔗糖是由 1 个葡萄糖分子和 1 个果糖分子通过 α-1,2-糖苷键脱水缩合而成的，其分子式为 $C_{12}H_{22}O_{11}$，方程式和结构式如下：

$$C_6H_{12}O_6 + C_6H_{12}O_6 \xrightarrow{\text{酶}} C_{12}H_{22}O_{11} + H_2O$$

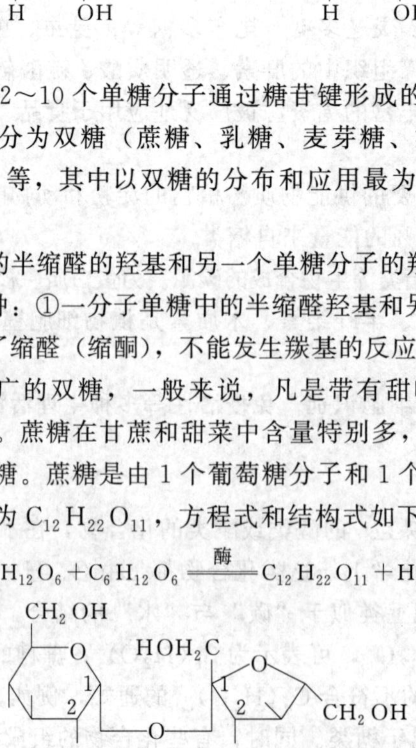

α-D-葡萄糖基 β-D-果糖基

蔗糖分子结构式

② 一分子单糖的半缩醛的羟基和另一分子单糖的醇羟基失水，仍然保留它的半缩醛（酮）的羟基，因此能发生醛（或酮）的反应，称为还原糖，如麦芽糖、乳糖。

3. 多糖

多糖是由多个单糖分子缩合、失水而成的，是一类分子结构复杂且庞大的糖类物质。可分为以下两种。

均一性多糖：由一种单糖分子缩合而成的多糖。如淀粉、糖原、纤维素、几丁质（壳多糖）、菊糖、琼脂等。

不均一性多糖：由不同的单糖分子缩合而成的多糖，又称为糖胺聚糖。糖胺聚糖是蛋白聚糖的主要组分，如透明质酸、硫酸软骨素、硫酸皮肤素、硫酸用层酸、肝素等。

4. 结合糖

又称复合糖，糖缀合物，指糖和蛋白质、脂质等非糖物质结合的复合分子。主要有糖蛋白、蛋白聚糖、糖脂、脂多糖、肽聚糖等。

5. 糖的衍生物

糖的衍生物包括糖醇、糖酸、糖胺、糖苷等。

第二节　单糖和双糖

一、物理性质

（一）溶解性

单糖和双糖分子中含有多个羟基，使其具有较强的水溶性，几乎所有的单糖和双糖都能溶于水，但溶解的能力却不同，以果糖最高，蔗糖、葡萄糖、乳糖分别次之。糖的溶解度亦随温度的升高而增大。常见的几种糖在不同温度下的溶解度见表6-1。

表 6-1　不同温度下糖的溶解度

名称	20℃		30℃		40℃		50℃	
	浓度/%	溶解度/(g/100g 水)	浓度/%	溶解度/(g/100g 水)	浓度/%	溶解度/(g/100g 水)	浓度/%	溶解度/(g/100g 水)
果糖	78.94	374.78	81.54	441.70	84.34	538.63	86.63	665.58
蔗糖	66.06	199.4	68.18	214.3	70.01	233.4	72.04	257.6
葡萄糖	46.71	87.67	54.64	120.46	61.89	162.38	70.91	243.76

由上表可见：糖的溶解度和浓度随温度的升高而增大，在实际应用中用温水或沸水溶化糖效果更加。另外，在食品加工中，常将两种糖按比例同时加入，则应注意使两种糖的溶解度接近，例如在低于60℃时，葡萄糖的溶解度低于蔗糖，而在等于60℃时，两者的溶解度相等。故糖的溶解度可以指导我们正确地选择不同糖的加入比例和温度。另一方面，室温下葡萄糖的溶解度较低，贮藏性差，而在55℃下则不会结晶，贮藏性好。一般而言糖浓度大于70%，其渗透压足以抑制微生物的生长，糖渍蜜饯类食品就是利用糖作为保藏剂的。

（二）甜度

糖甜味的高低称为糖的甜度，它是糖的重要特性。单糖和双糖都有甜味，多糖则没有。一般而言，糖的甜味依糖的种类的不同而不同，几种糖的甜度强弱顺序为：果糖＞转化糖＞蔗糖＞葡萄糖＞麦芽糖＞半乳糖＞乳糖。甜度没有绝对值，一般以蔗糖的甜度为标准，规定以 5％或 10％的蔗糖溶液在 20℃时的甜度为 100，其他糖与蔗糖相比，得到的相对甜度见表 6-2。

表 6-2　糖的相对甜度

名称	蔗糖	转化糖	果糖	木糖醇	葡萄糖	半乳糖	麦芽糖	乳糖
相对甜度	100	130	100～150	100	70	60	60	27

糖的甜度还会随糖类物质物理形态而变化。糖类物质在固态和液态时甜度也不太一样。同浓度的果糖溶液比蔗糖溶液甜，但添加在一些食品中后，其甜度则与蔗糖相似。

（三）黏度

单糖和双糖的组成不同，其溶液的黏度也不同。在相同浓度下，溶液的黏度有以下顺序：葡萄糖、果糖的黏度较蔗糖低，淀粉糖浆的黏度最高。葡萄糖溶液的黏度随温度的升高而增大，蔗糖溶液的黏度则随温度的增大而降低。因此，可以根据糖类物质的黏度不同，在食品生产中应注意选用不同的糖类来调节食品的黏稠度和可口性。

（四）熔点

熔点是固体由固态熔化为液态的温度。晶体糖加热到其熔点时就会由固体变为液体，同时伴随着褐变现象的产生。如蔗糖的熔点 185～186℃，葡萄糖 146℃，果糖 103～105℃，麦芽糖 102～103℃。其中，麦芽糖的熔点最低，也最容易产生褐变现象，因此常在烘烤等工艺中选用麦芽糖为食品着色。

（五）结晶性

就单糖和双糖的结晶性而言：蔗糖极易结晶，且晶体很大；葡萄糖液易结晶，但晶体细小；转化糖较果糖更难结晶。淀粉糖浆是葡萄糖、低聚糖和糊精的混合物，自身不能结晶但能防止蔗糖结晶。所以在硬糖生产中适量的添加，可以增加糖果韧性，使甜味适中，不易吸水提高保藏期。

（六）吸湿性和保湿性

吸湿性：糖在空气湿度较高的情况下吸收水分的情况。保湿性：指糖在较低空气湿度下保持水分的性质。对于单糖和双糖的吸湿性大小为：果糖、转化糖＞葡萄糖、麦芽糖＞蔗糖。果糖吸水性最强，吸水后变成黏稠的糖浆，利用其性质在蛋糕、糕点等制品的制作中，用蜂蜜（果糖）比用其他糖制成的口感好，制品更加软嫩，保持湿度时间更长。所以糖在面点制作中，还起到改变面坯工艺性能的作用。

（七）渗透压

溶液的渗透压越大，食品的保存性就越高。如 50％蔗糖可以抑制酵母的生长，65％可抑制细菌的生长，80％可抑制霉菌的生长。

二、化学性质

由于单糖是多羟基醛或多羟基酮，因此它们既具有羟基的反应（如氧化、酯化、缩醛反应等），也具有羰基或醛基的反应，同时还具有由于它们相互影响而产生的一些特殊反应。

（一）复合反应

烯酸在较高温度下会使单糖发生复合反应而生成低聚糖，当复合反应程度高时，还可以生成三糖和其他低聚糖，一般而言，糖的浓度越高，复合的程度也越大。如葡萄糖浓度 30％时，复合率仅 18.9％；当葡萄糖浓度 60％时，复合率 40.49％；当葡萄糖浓度 90％时，复合率可达 71.9%。如在工业上用酸法水解淀粉生产葡萄糖的同时，还会有 5% 的异麦芽糖和龙胆二糖生成，影响葡萄糖产率和品质。

（二）氧化反应

糖是一类多羟基的醛或者酮，因此糖中的醛基、酮基和羟基在不同的氧化剂作用下，可生成不同的酸。主要有如下几种情况。

① 在弱氧化剂（如碱性溴水）作用下，醛糖的醛基被氧化成羧基，生成葡萄糖酸。例如葡萄糖酸钙就是葡萄糖酸和钙离子结合而成，作为钙的补充剂。

② 在较强氧化剂（如稀硝酸）作用下，醛基和伯醇基（第六位碳上的羟基）同时被氧化成羧基，生成葡萄糖二酸。

③ 在生物体内，在自身专一性酶的作用下或者在微生物产生的酶作用下，单糖被完全氧化，生成 CO_2 和水，并放出大量的热量。

$$C_6H_{12}O_6 + 6O_2 \xrightarrow{\text{酶}} 6CO_2 + 6H_2O + 2870kJ/mol$$

④ 酮糖和醛糖不同，在弱碱性条件下则不能被氧化成酸，常用此法鉴别醛糖与酮糖。在强氧化剂下，酮糖被氧化成两种酸。

（三）水解反应

双糖等低聚糖或多糖在酸或酶的作用下，可以水解成单糖。水解的过程时常伴随分子旋光性的改变。如，1 分子右旋蔗糖在盐酸作用下水解成 1 分子左旋葡萄糖和 1 分子左旋果糖的混合物，并伴随着黏度下降，把这种水解后旋光发生改变（变旋现象、异构化）的糖叫做转化糖。生物细胞中的转化酶也可以使蔗糖转化成果糖和葡萄糖。如蜂蜜，它是由于蜜蜂所分泌的转化酶将花粉中的蔗糖转化而形成的。蔗糖水解的方程式如下：

$$\underset{\text{蔗糖}}{C_{12}H_{22}O_{11}} + H_2O \xrightarrow{\text{酶}} \underset{\text{葡萄糖}}{C_6H_{12}O_6} + \underset{\text{果糖}}{C_6H_{12}O_6}$$

现在用碱处理淀粉糖浆的方法，使葡萄糖部分转化生成果糖，从而形成果葡糖浆，即人造蜂蜜，广泛地应用于糕点制作以及发酵甜酒、黄酒的生产中。

（四）还原反应

糖中的游离羰基在还原剂的条件下，可以发生加氢作用还原成羟基，形成糖醇。例如，D-葡萄糖被还原后得到山梨醇，可以用于制取抗坏血酸，或者作为保湿剂；木糖经还原之后可得到木糖醇，其作为甜味剂被广泛应用于糖果、果酱、饮料等食品行业的生产中，特别是可以替代蔗糖作为糖尿病患者的疗效食品。

（五）酯化作用

糖分子中的羟基能与磷酸、硫酸、乙酸酐等脱水生成酯。糖的磷酸酯是糖分子进入代谢反应的活化形式。蔗糖中的伯醇基于脂肪酸在一定的条件下进行酯化反应，生成脂肪酸蔗糖酯（蔗糖酯），它是一种高效、安全的乳化剂和抗氧化剂，能改进食物的多种性能，防止食品的酸败，延长保存期。

（六）成苷反应

单糖与非糖化合物缩合的产物叫作糖苷。糖苷是无色无味的晶体，味苦。糖苷在食品原料中分布很广，如石耳、桑叶、罗汉果、芥子等含有丰富的糖苷，白芥子、黑芥子常用于烹饪中，当其中的糖苷成分发生水解时，则会产生芥子油，具有强烈的芳香味，用于增香。

（七）焦糖化反应

当晶体糖被加热到其熔点以上时，会由固体变为液体，并且产生褐变现象，这种作用叫做焦糖化作用。在烹饪中常用白糖（蔗糖）来熬制糖膏，为食品着色。焦糖化作用的发生是因为糖被加热到高于其熔点时，发生的熔化，糖浆的颜色也迅速变成褐色，还可闻到一股特殊的焦香味（温度低于200℃，过高则糖发生炭化）。糖色生成，甜味基本消失，有焦香味，烹饪中焙烤食品、油炸、煎炒食品的着色，红烧鱼、红烧肉等红烧菜肴的上色，与焦糖化作用密切相关。另外，糖色已成为食品的一种安全的着色剂、增进风味剂被广泛使用。如可乐等饮料中的着色和增香。焦糖化反应是单糖的重要性质。

（八）羰氨反应

单糖、还原糖中的羰基或羰基化合物与氨基化合物（氨基酸和蛋白质）间的反应，生成具有特殊香味的棕色甚至是黑色的大分子物质类黑精或拟黑素，称作羰氨反应。它是法国化学家 L. C. Maillard 在 1912 年提出的，因此又叫美拉德反应。羰氨反应是由于加热和长期贮存发生的，因此对食品的影响有利也有害。如焙烤等加热方式产生的褐变可以赋予食品较好的色、香、味，如烤面包、烙烧饼，可在其表面刷一层蛋液，增加色泽和令人愉悦香味；另外，烤肉的酱红色，酱、酱油的棕黑色都与羰氨反应有关。而在板栗、鱿鱼等食品生产贮藏过程中，就需要减少羰氨反应产生的不利褐变。

（九）发酵反应

糖是微生物发酵所利用的主要营养物质之一，可以被酵母、细菌、霉菌等所利用。如，葡萄糖、果糖、甘露糖及半乳糖可直接被酵母菌利用；而麦芽糖、蔗糖、乳糖等低聚糖应先被水解后才可进行发酵。烹饪中的面团发酵主要是酒精发酵，产生乙醇和 CO_2，并伴有乳酸发酵，产生独特的酒香气。

$$C_6H_{12}O_6 \longrightarrow 2CO_2\uparrow + 2C_2H_5OH$$

制作酸乳饮料、泡菜和腌菜的发酵过程主要是乳酸发酵作用，产生乳酸，具有独特的风味。由于蔗糖、葡萄糖等具有发酵性，在食品加工中为了避免微生物造成的腐败变质，常用甜味剂替代。

$$C_6H_{12}O_6 \xrightarrow{\text{乳酸杆菌发酵}} 2CH_3\overset{\overset{\displaystyle OH}{|}}{C}HCOOH$$

三、主要的单糖和双糖及其在烹饪中的应用

（一）葡萄糖

葡萄糖是自然界分布最广也是最重要的单糖。在许多水果、蔬菜中含量丰富，如新鲜的苹果、葡萄、甘薯、洋葱中的 D-葡萄糖分别为 1.17％、6.86％、0.33％、2.07％，其中葡萄中的含量最多，因而得名为葡萄糖。葡萄糖也存在于人的血液中，叫做血糖。

1. 葡萄糖的结构

葡萄糖是典型的六碳糖，化学式 $C_6H_{12}O_6$，相对分子质量为180，是蔗糖、麦芽糖、淀粉、纤维素等的基本组成成分。它是它的结构简式：$CH_2OH—(CHOH)_4—CHO$，其直链形式有如下两种构型：

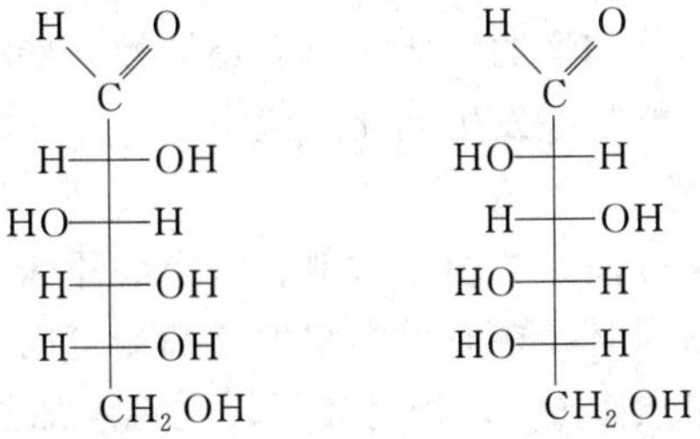

D-葡萄糖   L-葡萄糖

简单说：离羰基最远的手性碳原子上的羟基在直链式的右边，为 D 型葡萄糖；反之，在左边为 L 型葡萄糖。自然界中存在的糖大多数都是 D 型的。

直链式葡萄糖中的羟基仍能表现出醇的性质，和分子内部的醛基在水溶液中进行半缩醛反应，羟基上的氢原子加到醛基氧原子上去，生成环状化合物。半缩醛的过程为

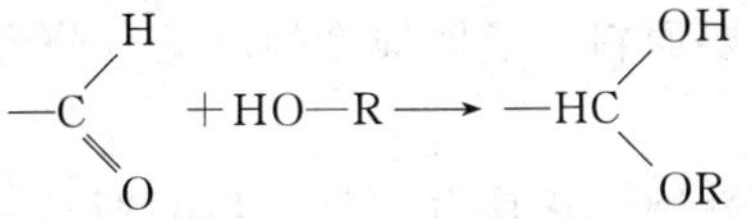

因此，D-葡萄糖分子内的半缩醛过程为

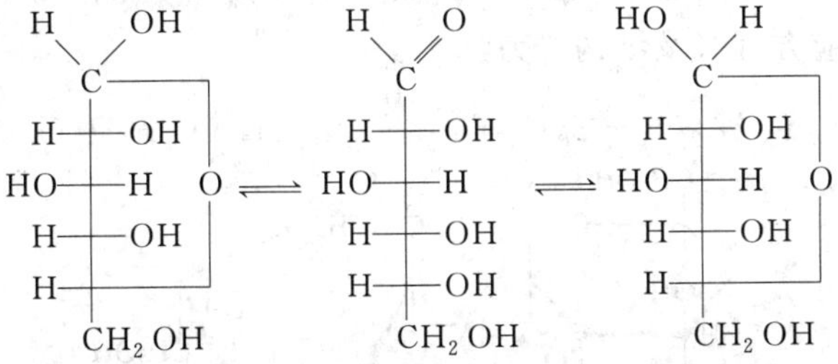

α-D-葡萄糖   D-葡萄糖   β-D-葡萄糖

半缩醛羟基在右侧，则为 α 式，反之半缩醛羟基在左侧，则用 β 式。

以上均是以费歇尔投影式为基础的氧化式结构，英国的化学家哈沃斯将此转变为六元环和五元环为基本骨架的环状构型，分别称为吡喃环、呋喃环。则 α-D-葡萄糖、β-D-葡萄糖的吡喃环分别为

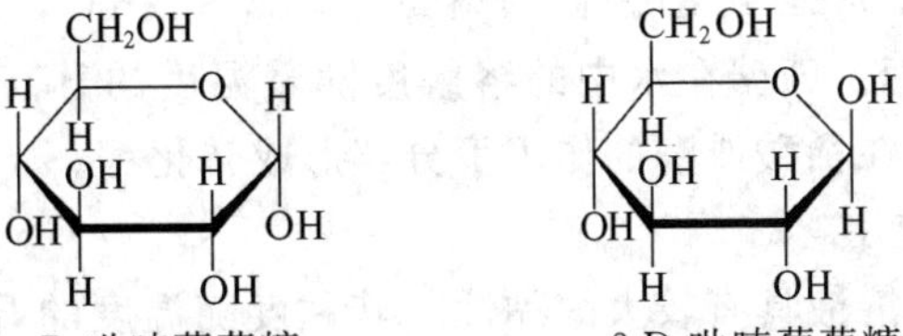

α-D-吡喃葡萄糖   β-D-吡喃葡萄糖

在哈沃斯结构式中，半缩醛羟基在环平面下方的为 α 式，半缩醛羟基在环平面上方的则为 β 式。

呋喃环即五个碳原子，典型的代表就是果糖。则 α-D-果糖、β-D-果糖的呋喃环分别为

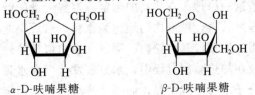

α-D-呋喃果糖   β-D-呋喃果糖

2. 葡萄糖的主要性质

葡萄糖是己醛糖，白色晶体，易溶于水，难溶于酒精，味甜，熔点146℃。葡萄糖含五个羟基，一个醛基，具有多元醇和醛的性质。具有还原性，能被氧化成葡萄糖酸，在生物体内发生氧化反应，放出热量；能与酸发生酯化反应。

3. 葡萄糖在烹饪中的应用

葡萄糖的甜味适中，清爽可口，常用于饮料、糖果的甜味剂。葡萄糖在烹调中重要的作用有以下方面：在制作发酵面团时，在面粉中添加葡萄糖可以直接被酵母菌利用，大大提高面团发酵的速率；葡萄糖的熔点146℃，相对较低，在无水加热高于其熔点便可发生焦糖化反应，给菜肴或面点制品增色、增香；在有氨基存在的条件下，葡萄糖中的羰基与其很易发生羰氨反应，产生褐色，赋予食品诱人的糖色。

（二）蔗糖

蔗糖是食物中存在的主要双糖，是光合作用的主要产物，广泛分布于植物体内，特别是甜菜（15％～20％）、甘蔗（10％～15％）、甜高粱（10％～18％）和多数水果中都含有蔗糖，因此，它们也是制糖的主要原料。根据纯度的高低可分为三种；白糖、砂糖和片糖。

1. 蔗糖的结构

蔗糖是一种典型的非还原性糖。它是由一分子葡萄糖和一分子果糖彼此以半缩醛（酮）羟基相互缩合而成的，分子式为 $C_{12}H_{22}O_{11}$，相对分子质量为342.3，蔗糖中醛基和酮基的特性都已丧失。其反应方程式及结构式为：

$$C_6H_{12}O_6 + C_6H_{12}O_6 \xrightarrow{\text{酶}} C_{12}H_{22}O_{11} + H_2O$$

α-D-葡萄糖基　　　　β-D-果糖基

2. 蔗糖的主要性质

蔗糖一种无色透明的单斜晶型的结晶体，易溶于水，较难溶于乙醇。过饱和溶液中易结晶。蔗糖的相对密度为1.588，纯净蔗糖的熔点为185～186℃，商品蔗糖的熔点为160～186℃。其甜味仅次于果糖。蔗糖在水中的溶解度随着温度的升高而增加。加热至200℃时即脱水形成焦糖。蔗糖易在稀酸或酶的作用下分解形成转化糖。

3. 蔗糖在烹饪中的应用

（1）糖芡　蔗糖的水溶液具有较大的黏性。其黏度随温度的升高和浓度的增加而增大。当蔗糖溶液加热到水分蒸发，其溶液浓度越来越高，黏度也越来越大，当达到一定程度时，糖液就能包裹在原料的表面，形成晶光亮的糖芡。

（2）结晶与挂霜　蔗糖溶液在过饱和时，水分的蒸发或者冷却都会析出蔗糖晶体。烹饪中制作挂霜菜就是利用了这一原理。在较高的温度下溶解大量蔗糖，以形成饱和溶液，加热糖液使水分蒸发到一定程度，再让糖液均匀地包裹原料，然后快速冷却，让原料表面的糖液迅速结晶，凝结一层糖霜，使菜肴具有松脆、甜香、洁白似霜的外观和质感。

（3）拔丝　蔗糖溶液在加热熬制过程中，水分蒸发，当含水量降低至2％左右时，停止加温并冷却，这时蔗糖分子不易形成结晶，而形成非结晶态的无定形玻璃状物质。玻璃体不易被压缩、拉伸，在低温时呈透明状，并具有较大的脆性。烹饪中通常利用这个性质来制作拔丝菜，如拔丝苹果、拔丝山药、拔丝香蕉等，通常是将糖放入水或者油的介质中，熬制熔化之后再熬一段时间，直到产色、产香，有糖丝出现之后再将原料放入其中稍加搅拌，在冷之前夹起，就会出现糖丝。

（4）糖色 蔗糖为无色的晶体，当加热到熔点之上时，熔化成液体，糖液颜色也逐渐变成红褐色，并带上特殊的焦香味，即焦糖化反应。糖色是烹制菜肴的红色着色剂。烹制红烧鱼、酱鸡、酱鸭、卤酱肉时，先将糖在油中炒制，待熔化、出现红色后，放入原料一同烹调，烹制出的菜肴红润明亮，香甜味美，肥而不腻。在烘制面包的过程中，所发生的焦糖化反应能增进面包的颜色。

（三）麦芽糖

麦芽糖也是一种重要的双糖，不存在于新鲜的粮食中，在发芽的谷物种子中，特别是发芽的大麦芽中有 β-淀粉酶，可以水解淀粉而得到麦芽糖和糊精的混合物，其中麦芽糖占30％左右。由于主要是从大麦芽中得到的所以称为麦芽糖。纯正的麦芽糖也称饴糖，是植物淀粉和动物糖原的组成部分。麦芽糖是一种廉价的营养食品，容易被人体消化和吸收。

1. 麦芽糖的结构

麦芽糖是由两分子 D-葡萄糖通过 1,4-糖苷键结合而成的双糖。麦芽糖的化学式是：$C_{12}H_{22}O_{11}$。其哈沃斯结构式如下（α、β 型）：

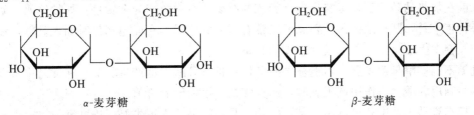

α-麦芽糖　　　　　　　　　　　　　　β-麦芽糖

2. 麦芽糖的主要性质

麦芽糖为白色晶体，粗制品呈稠厚糖浆状，易溶于水，微溶于乙醇，熔点为 $102\sim103℃$，麦芽糖中不含果糖，因此甜味仅约为蔗糖的一半，所以是低甜度的淀粉糖。麦芽糖分子保留了半缩醛羟基，它也是一种典型的还原性糖。具有糖类的诸多性质，如成苷反应、氧化还原性，可被氧化成麦芽糖酸；在稀酸加热或 α-葡萄糖苷酶作用下可水解成 2 分子的葡萄糖；麦芽糖对热的稳定性较好，但被加热到 $95℃$ 左右，便开始分解生成葡萄糖。

3. 麦芽糖在烹饪中的应用

麦芽糖在加热条件下被分解成葡萄糖，在此过程中，伴随着颜色的改变：先由浅黄色变为红黄色，随着温度的升高和时间的延长，可进一步变成酱红色，甚至焦黑色，因此麦芽糖是常用的食品上色糖浆，加之麦芽糖对热相对稳定，因此在烹饪时可以通过火候的控制来调节制品成熟和色泽产生的最佳时刻。如，"北京烤鸭"就是用麦芽糖涂抹腌制后的鸭子，再进行烤制，麦芽糖在烤制过程中发生颜色变化，调节温度升高的速度，可以做到烤鸭成熟时，皮色正好呈现酱红色。另外，饴糖具有一定的黏度和亮度，当它发生失水，原涂抹的麦芽糖糖皮则变厚稠，烤鸭皮质更加酥脆可口、油亮诱人。并且由于麦芽糖不含果糖，烤制食品甜度适中，吸湿性较差，可以长时间保持制品的脆度。

麦芽糖也是可发酵性糖，直接、间接发酵均可。在面团发酵时，它能被麦芽糖酶水解生成葡萄糖，为酵母菌的生长提供了重要的碳源。

（四）乳糖

在哺乳动物乳汁中的主要糖分就是乳糖，它亦是一种双糖。牛乳中的乳糖含量约为4.8％。人奶中的乳糖较牛乳多一倍，约为5％～7％。乳糖的存在可以促进婴儿肠道中双歧杆菌的生长。

1. 乳糖的结构

乳糖是1分子半乳糖和1分子葡萄糖以 β-1,6-糖苷键缩合而成的双糖。乳糖的化学式是 $C_{12}H_{22}O_{11}$。它的哈沃斯结构式如下：

β-D-半乳糖基 α-D-葡萄糖基

2. 乳糖的主要性质

乳糖为白色结晶，或粉末；无臭；水溶性较其他双糖较小，在乙醇、氯仿或乙醚中不溶。相对甜度不足蔗糖的40％。乳糖具有较强的吸附性，能吸附气体和有色物质。乳糖分子中保留了葡萄糖的半缩醛羟基，所以乳糖也是还原性二糖。

3. 乳糖在烹饪中的应用

乳糖在加热的条件下，很容易发生颜色的改变，由白色变为金黄色。如炒鲜奶、奶油炸牛排等特色菜肴，既有浓郁的乳香味，又带有诱人的色泽；在面包制作时加入乳糖，在烘烤过程中，会发生羰氨反应而形成面包皮的金黄色。

乳糖不能被酵母菌发酵，但能被乳酸菌作用进行乳酸发酵产生乳酸。在食品中常以牛乳为原料，利用乳酸发酵作用产生乳酸，制作酸奶，增加营养价值。

乳糖在食品工业中还可以用于制造婴儿食品、糖果、人造牛奶、炼乳等。

第三节　多糖及其在烹饪中应用

一、淀粉

（一）淀粉的组成和结构

1. 组成

淀粉是植物经过光合作用合成葡萄糖并转化成的一种多糖，它是以颗粒状形式广泛存在于植物的根、茎、果实和种子中，大米中含淀粉62％～86％，麦子中含淀粉57％～75％，玉蜀黍中含淀粉65％～72％，马铃薯中则含淀粉12％～14％，以及一些干果中也含有淀粉。淀粉是多数植物的贮能物质，也是人体所需能源物质之一。

植物中的淀粉根据来源不同，淀粉颗粒所呈现的形状和大小都不相同。一般来说，地下淀粉多为大而圆滑的颗粒，如圆球形、卵形、椭圆形，地上淀粉多为小且有棱角的颗粒，如多角形，表面有许多细纹，称为轮纹。常见淀粉的形状和粒径见表6-3。

表 6-3　常见淀粉的粒形和粒径

来源	马铃薯	甘薯	玉米	小麦	大米	木薯
粒形	卵形	多角形	多角形	球形	多角形	多角形
粒径/nm	50	18	16	20	4	17

淀粉是 α-D-吡喃葡萄糖经过糖苷键连接的高聚体，通式是（$C_6H_{10}O_5$）$_n$，其水解产物即葡萄糖。根据淀粉结构的特点可分为直链淀粉和支链淀粉。

2. 直链淀粉

直链淀粉是由 α-D-吡喃葡萄糖缩合通过 α-1,4-糖苷键结合而成的链状化合物，没有分支，分子中氢键的作用使长链呈螺旋型，每圈 6 个葡萄糖残基。直链淀粉大约由 $300\sim400$ 个葡萄糖分子缩合而成，相对分子质量约为 60000。直链淀粉在热水中能溶解，而不成糊状，遇碘呈蓝色。直链淀粉的结构如下：

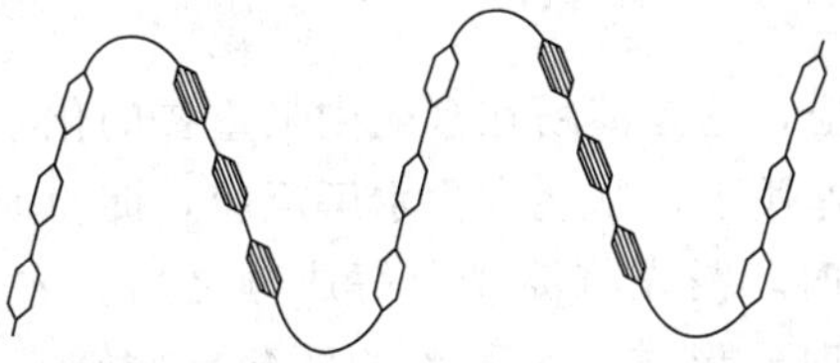

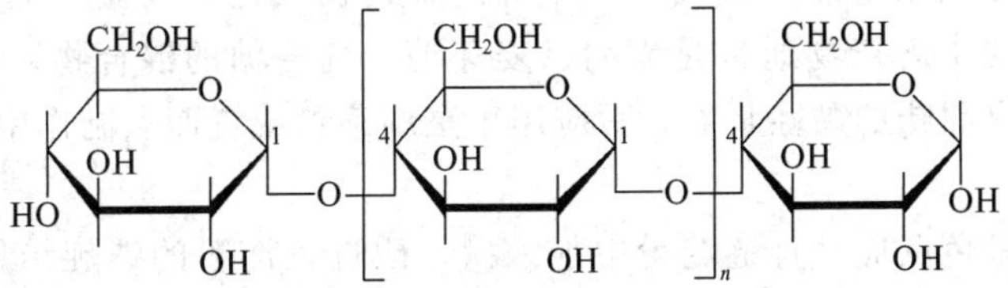

3. 支链淀粉

支链淀粉具有主链和支链的结构。其主链是由葡萄糖分子以 α-1,4-糖苷键相连而成，在主链上每隔 20 个葡萄糖单位，还有一个以 α-1,6-糖苷键相连的支链。支链淀粉的相对分子质量高达 $50\times10^4\sim100\times10^4$。支链淀粉在冷水中不溶，在热水中则膨胀而成糊状。支链淀粉的结构如下：

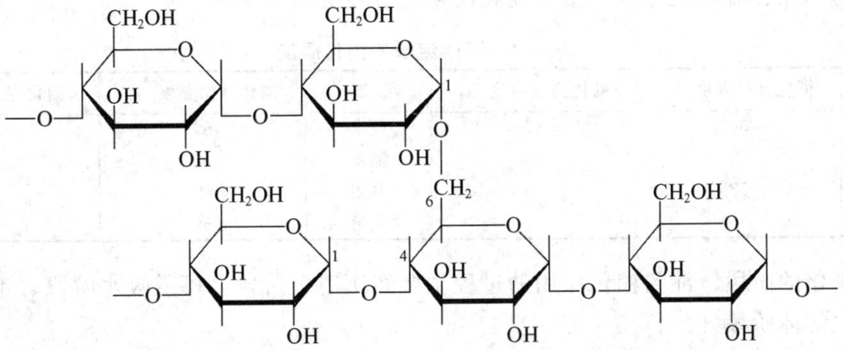

不同植物的淀粉颗粒中含有的支链淀粉和直链淀粉有所差别。一般直链淀粉的含量为 $20\%\sim30\%$，支链淀粉为 $70\%\sim80\%$。如小麦、籼米、粳米中的淀粉分别为 $19\%\sim26\%$、$23\%\sim29\%$、$16\%\sim20\%$，但在糯米淀粉中支链淀粉量高达 95%，而有的豆类淀粉几乎全部是直链淀粉。

（二）淀粉的重要性质及在烹饪中的应用

1. 溶解性

纯净的淀粉是无味、无臭的白色粉末，是一种没有甜味的多糖。相对密度约为1.5。直链淀粉和支链淀粉均不溶于冷水，但直链淀粉在热水能溶解形成溶胶，遇冷后则形成硬性凝胶。在食品包装中，常利用直链淀粉这一性质制成坚韧的薄膜包装糖果以及冰糖葫芦等。支链淀粉在冷水中不溶，但分散性较好，干燥淀粉可在水中悬浮一段时间才吸水沉淀，故称为不溶性淀粉。淀粉在常温下可以吸收40％～50％的水分而膨润，因此刚挤出的生虾仁在上浆时要用淀粉来搅拌。

2. 水解反应

淀粉很容易发生水解反应，这是淀粉在食品中最重要的化学性质。淀粉在加热或者与无机酸共热，或者在淀粉酶的作用下，都会发生水解反应，淀粉彻底水解的产物为葡萄糖，如以淀粉类原料制作醋或者酒时，需先将淀粉分解成糖之后，才能被酵母菌利用进行酒精发酵；当淀粉发生不完全水解时，形成大小不等的葡萄糖残链，叫做"糊精"，糊精很黏稠，但溶于冷水。淀粉的水解产物通常是糊精、麦芽糖、葡萄糖的混合物，我们称之为淀粉糖浆。淀粉糖浆是具有甜味的黏性浆液，常应用于烹调菜肴或者面点制作中的上糖色。

3. 呈色反应

淀粉与碘能起呈色反应。直链淀粉中加入碘，碘进入淀粉的螺旋结构中，形成淀粉-碘复合物，产生蓝色，淀粉浓度越高，呈现的颜色则越接近紫色甚至黑色；而支链淀粉与水的亲和力较大，遇碘则显紫红色。淀粉的水解物根据葡萄糖残基的个数不同遇碘所呈现的颜色也不同。淀粉水解过程中，水解物遇碘的颜色呈如下变化：

淀粉 —水解→ 蓝色糊精 —水解→ 红色糊精 —水解→ 无色糊精 —水解→ 麦芽糖 —水解→ 葡萄糖

聚合度≥60个　聚合度约20个　聚合度≤2个

遇碘显蓝色　　遇碘显红色　　遇碘不显色

4. 淀粉糊化

（1）糊化和糊化温度　淀粉在冷水中不溶于水，但当水温加热到一定程度时，淀粉在水中溶胀、分裂形成均匀糊状溶液的特性，称为淀粉的糊化。淀粉发生糊化时的温度叫做糊化温度。不同淀粉的糊化温度是不一样的，颗粒大的、结构较松散、含支链淀粉多的淀粉较易糊化，所需的糊化温度也较低。常见淀粉的糊化温度见表6-4。

表6-4　不同淀粉的糊化温度

淀粉	糊化开始温度/℃	糊化完全温度/℃	淀粉	糊化开始温度/℃	糊化完全温度/℃
土豆	56	66	粳米	59	61
玉米	62	72	糙米	58	63
大麦	58	63	荞麦	69	71
小麦	58	64	木薯	59	69

（2）糊化的阶段　淀粉糊化作用的过程主要经历三个阶段：可逆吸水阶段、不可逆吸水阶段和颗粒解体阶段。

可逆吸水阶段。冷水中的淀粉颗粒可以吸收少量的水分使体积略有膨胀，但却未影响到颗粒中的结晶部分，故颗粒内的水分子可以随着冷却干燥排出，干燥后仍完全恢复到原来的状态。

不可逆吸水阶段。随着温度的升高，水分子逐渐进入淀粉颗粒内的结晶区域，原本起到稳定结构作用的氢键不堪重负开始断裂，吸水量迅速增加，淀粉颗粒体积也急剧膨胀，其体积可膨胀到原体积的 50～100 倍。即使重新进行干燥，淀粉也不能恢复状态。

颗粒解体阶段。随着温度继续升高，淀粉吸水膨胀到一定限度后，颗粒将最终崩裂，淀粉分子进入溶液，形成淀粉糊。若水量充分可以形成均一的淀粉糊。很多人煮粥时加入少量碱，可以促进淀粉糊化，较短煮粥时间，并且熬出的米粥很黏稠，但此法对维生素破坏大，降低营养价值，应避免采用。

（3）糊化的影响因素　影响淀粉糊化的因素主要有：淀粉的种类、食品中的含水量、酸碱度、添加剂、温度、时间。

一般而言：地下块根的淀粉吸水性较谷类淀粉高，糊化性较强，如马铃薯淀粉较玉米淀粉、绿豆淀粉、大米淀粉糊化所形成的淀粉糊性能更佳，糊黏度强、稳定、透明度高，糊丝长。因此，在烹饪中，马铃薯淀粉最适合上浆和挂糊，而绿豆淀粉最适合勾芡使用。

淀粉完全糊化还需要有几倍以上的水，否则糊化将不完全。如在蒸米饭时，米和水量的体积比为，新米：水＝1：1，陈米：水＝1：1.2。淀粉在碱性中易于糊化，且淀粉糊在中性至碱性条件下黏度也是稳定的。当 pH 值小于 5，淀粉糊的黏度急剧降低，这就是为什么醋熘菜肴的芡汁黏性保持不长的原因。添加物对淀粉糊化也有影响，如淀粉在高浓度糖中糊化程度低；脂类物质能与淀粉形成复合物也降低糊化程度。另外，温度越高，糊化所需时间越短。普通白米在 90℃ 下 2～3h 可糊化，而在 98℃ 下 20～30min 便可完全糊化，因此用高压锅蒸米饭比电饭锅更快。

（4）糊化的应用　淀粉的糊化特性用于烹饪中的挂糊、上浆、勾芡。另外，在煮水饺、蒸馒头、烤面包等过程都涉及淀粉的糊化。糊化后的淀粉，可以赋予菜肴更佳的质感，同时糊化后的淀粉更有利于人体的消化吸收。

上浆或挂糊。用淀粉浆给原料上浆或者挂糊，经过加热，如爆、炒、溜、炸等烹调技法，淀粉发生糊化，包裹在菜肴的表面，可以避免原料中营养物质流失和破坏，并且可以牢牢锁住蛋白质变性所释放的水分，如宫保鸡丁、炒鱼片等，使菜肴味道更加鲜美、吃口也更加软嫩，肉质更佳。

勾芡。用淀粉浆对菜肴勾芡就是在菜肴接近成熟时，将调匀的淀粉汁淋在菜肴上或汤汁中，使菜肴汤汁浓稠，并黏附或部分黏附于菜肴之上的过程，通常用熘、滑、炒等烹调技法。淀粉在加热条件下，吸水糊化，使汁液的浓稠度增加，不仅可以收敛汤汁，提高了人们对菜肴滋味的感受，而且汤汁变浓稠，可减缓原料内部热量的散发，延长了菜肴的冷却时间，有利于食客进食热菜肴；糊化的淀粉黏性增加，保持了菜肴鲜香滑嫩的风味特点，使菜肴形体饱满而不易散碎；糊化的淀粉透明度也增加，使菜肴看起来更加鲜嫩、滑润、饱满、晶莹剔透，增加食欲。如麻婆豆腐、糖醋排骨、烧鱼块以及多种汤羹等菜肴的烹调。

淀粉糊化时黏性增加，并且一部分会水解生成低聚糖和单糖，具有甜味。在面点制作中，用热水和面团，淀粉在高温下吸水糊化，蛋白质变性，所以面团吃口更黏、柔，更加软糯，由于淀粉部分水解成单糖，因此还略带甜味。例如，独一处烧麦、烫面蒸饺、锅贴、春饼等都是典型的热水面团制品。

5. 淀粉老化

（1）老化的原理　糊化后的淀粉低温条件下放置，发生渗水、变硬、体积缩小的现象，称为淀粉的老化。行业上叫"返生"。如面包、馒头等在放置时变硬、干缩，芡糊出水等现象都是淀粉的老化。"老化"是"糊化"的可逆过程，原理是：糊化的淀粉，在冷却和贮存的过程中，淀粉分子重新靠拢、缔合，排挤出原先吸收的水分，恢复与原来类似的致密的整体结构。淀粉老化的过程是不可逆的。老化后的淀粉，口感变差，消化吸收率也降低。

（2）影响淀粉老化的因素　　淀粉老化的因素主要与淀粉的种类、温度、pH、含水量、蔗糖含量等因素有关。

含直链淀粉多的淀粉易老化，不易糊化；含支链淀粉多的淀粉易糊化而不易老化，玉米淀粉和小麦淀粉是最易老化的，而糯米淀粉老化速率最慢，如用糯米淀粉制作的蜜糕、糖年糕等点心较一般面粉制品不易老化，可以在冷藏的条件下保藏，时间较长。

食物中淀粉含水量 30%～60% 时易老化，如面包、馒头、烙饼、米饭，它们的淀粉含水量都在这个范围内，冷却后容易发生老化现象；而含水量小于 10% 或者高于 70%，则不易老化，如方便面、方便米饭的制作，就是让糊化的面条、米饭迅速脱水，避免老化，食用时用热水便可复原。

食物的贮存温度若在 2～4℃ 淀粉最易老化，贮存温度高于 60℃ 或低于 −20℃ 时都不会发生淀粉的老化现象。所以馒头、面包、米饭等不易放在冷藏室中保存，而冷冻则佳，如市场中的速冻包子、速冻饺子、速冻汤圆等，可以在冷冻条件下长时间保藏。

在中性条件下淀粉也易老化，而偏酸或偏碱性环境则可以避免淀粉老化。大量蔗糖、油脂的存在，会减缓老化。糊化程度越高，淀粉颗粒解体越彻底，则重新凝聚而老化的速率越慢。

（3）淀粉老化的应用　　淀粉的老化现象在食品的贮藏中，给食品品质带来不良的影响，降低了食品的营养和品质。但淀粉老化也在食品中有着重要的作用。

常常会选择一些易于老化、含直链淀粉高的原料，应用在食品加工和烹饪过程中。如用绿豆淀粉、红薯淀粉等作为原料，先使其糊化，再急速冷却定型制作出各式的粉丝、粉皮和虾片等。山东烟台的龙口粉丝已有百年的工艺历史，即是用豌豆淀粉为原料，其具有柔韧性强、久煮不糊的特点，深受人们的喜爱。

二、多聚糖及其衍生物

植物多糖中除了前面介绍的淀粉以外，纤维素、果胶等也是重要的多糖，它们也是单糖分子通过糖苷键连接成的天然高分子化合物，不溶于水、无甜味，有一定的保健功能，在烹饪中也有一定的作用，如造型。

（一）纤维素

纤维素是植物细胞壁的主要成分，是光合作用的产物，是支撑植物组织的骨架和基础。植物的茎秆叶中都含有纤维素，棉花、麻、木材、稻草、麦秆含量丰富。在幼期的蔬菜中纤维素较少，吃口软嫩，但成熟和老化的蔬菜中含量增多，口感差，因此在原料采摘或者预处理时应注意。

纤维素是由 D-葡萄糖通过 β-1,4-糖苷键连接而成的，没有支链结构大分子多糖，相对分子质量约 $5 \times 10^4 \sim 250 \times 10^4$。其结构如下：

纯纤维素为白色、无味物质，不溶于水及乙醇、乙醚等有机溶剂，纤维素中的大量氢键使其具有较好的机械稳定性和化学稳定性，因此只有在酶或者高温、高压的酸性条件下才能被水解，纤维素酶水解纤维素可生成低聚物和葡萄糖。纤维素具有较好的吸水膨胀性质，在一般的烹调加工中，纤维素不会被破坏，但浸泡或加热可以促进纤维素吸水润涨，软化食物组织；利用碱水溶液也可以促进纤维素的吸水、软化。比如，在煮豆子时，坚硬的豆皮含有较多的纤维素而不易煮烂，因此常稍加碱以助于豆皮的软化，缩短煮豆时间，但碱对豆中维生素的破坏较严重，从营养的角度因尽量避免。另外，因为人体消化道内没有分解纤维素的酶，故纤维素不易被人体消化，但其却可以起到促进肠胃蠕动、软化粪便、预防便秘的作用，因此纤维素是膳食中不可缺少的部分，被列为人体所需要的营养素之一，称为膳食纤维。

（二）果胶物质

果胶是植物细胞壁的主要成分，是一种典型的植物多糖，主要存在于水果和蔬菜的软组织中，与纤维素和半纤维素一起构成了植物的支架。果胶物质存在于相邻细胞壁间的中胶层中，将细胞黏合在一起。

果胶物质是一种高分子聚合物，相对分子质量高达 $5 \times 10^4 \sim 30 \times 10^4$，是由 α-半乳糖醛酸以 α-1,4-苷键形成的长链。其结构如下：

在果蔬成熟过程中，果胶有三种形态：原果胶、果胶、果胶酸。

（1）原果胶 存在于未成熟的水果和植物的茎、叶里，不溶于水，由于其与纤维素紧密结合，将细胞紧紧黏结，因此，未成熟的果蔬非常坚硬、挺拔。在果胶酶的作用下，原果胶会被分解。

（2）果胶 随着果实的成熟，原果胶在酶的作用下分解并与纤维素分离，形成可溶性的果胶，转移到植物细胞的汁液中。成熟的果蔬中果胶的含量增加，果肉也随着变软并富有弹性，这就是为什么果蔬放置一段时间会变绵软的原因。果胶为亲水胶体，溶液能形成坚硬的凝胶，常利用果胶的这一性质，在果胶溶液中加入蔗糖使其形成稳定的凝胶，用来制作果胶软糖、果酱或者果冻。

（3）果胶酸 果胶进一步被分解最终可以形成果胶酸，果胶酸稍溶于水，没有了黏性，因此果蔬细胞中的汁液容易渗出，果蔬变成稀软，易变质并且易受到微生物的污染。但是，果胶酸在有钙离子的情况下，可以形成果胶酸钙。因此，四川人在泡制泡菜常在原料上面加块石头；其他地方在腌制咸菜时，直接采用硬水，都可以起到保脆的作用。

在烹饪过程中，也要注意合理运用加热促使果胶向果胶酸的变化，对果胶质含量大的果菜，如胡萝卜、圆白菜在烹饪中需加热一定时间，促使组织变软；而对于叶片多的蔬菜，如小白菜、青菜，则要控制热烫、焯水、烹调的程度，加热时间都不易太长，以免果胶过度分解，影响菜肴的质感。

（三）琼脂

琼脂，学名琼胶，又名洋菜、冻粉，是从石花菜属植物以及海藻中提取的多糖体，是一种无定形的胶质，是目前世界上用途最广泛的海藻胶之一。

琼脂是由 9 分子的 D-半乳糖和 1 分子的 L-半乳糖缩合而成的。L-半乳糖的 C4 羟基与

D-半乳糖的相连，C5羟基则转化为硫酸酯的钙盐，其余D-半乳糖都是通过1,3-糖苷键相连的。其结构式如下：

$$R=CH_2OSO_3Ca_{1/2}$$

琼脂的主要成分是琼脂糖和琼脂酸。在工业上的琼脂色泽由白到微黄，具有胶质感，无气味或有轻微的特征性气味。琼脂不溶于冷水，但能吸收相当本身体积20倍的水。在热水中可以形成胶体溶液，其稀释液在42℃仍能保持液状，但在37℃时便凝成紧密的凝胶，但加热会使凝胶溶化，因此，琼脂在使用时可以反复溶化、胶凝。在蔗糖浓度低于75%的条件下，凝胶的强度会随蔗糖浓度的增加而增强；凝胶在pH5～7.5都较稳定。

琼脂在烹饪中的应用主要是利用它所形成的胶凝。琼脂可以作为稳定剂、胶凝剂和增稠剂。如，用于含果粒的各种水果饮料中，可以增加果汁的黏度，使果粒能均匀分散到果汁中，明显改变食品的品质；琼脂还可以制作一些风味小吃，如有名的红豆羹、水晶皮冻、口晶舌掌等；另外，琼脂形成的凝胶具有较好的硬度、光泽和透明度，因此常应用在冷拼等工艺拼盘中，制作一些优美、逼真的动植物、人物、山水等造型，提高食品的观赏性、提高食品的档次。

本 章 小 结

糖类是自然界数量最丰富的有机物质，广泛分布于动物、植物、微生物中。糖类是多羟基（2个或以上）的醛类或酮类的化合物，在水解后能生成多羟基醛、多羟基酮的一类有机化合物。糖类还可根据结构单元数目分为：单糖、寡糖、多糖、结合糖、糖的衍生物。单糖，不能被水解成更小分子的糖。低聚糖又称寡糖，系由2～10个单糖分子通过糖苷键形成的糖。多糖是由多个单糖分子缩合、失水而成的，是一类分子结构复杂且庞大的糖类物质。

单糖和双糖物理性质：糖的溶解度和浓度随温度的升高而增大；单糖和双糖都有甜味，多糖则没有；葡萄糖、果糖的黏度较蔗糖为低，淀粉糖浆的黏度最高；糖加热到其熔点时就会由固体变为液体，同时伴随着褐变现象的产生；蔗糖极易结晶，且晶体很大；葡萄糖液易结晶，但晶体细小；转化糖较果糖更难结晶；果糖吸水性最强。化学性质：由于单糖是多羟基醛或多羟基酮，因此它们既具有羟基的反应（如氧化、酯化、缩醛反应等），也具有羰基或醛基的反应。烯酸在较高温度下会使单糖发生复合反应而生成低聚糖，当复合反应程度高时，还可以生成三糖和其他低聚糖；糖中的醛基、酮基和羟基在不同的氧化剂作用下，可生成不同的酸。双糖等低聚糖或多糖在酸或酶的作用下，可以水解成单糖。糖加氢作用还原成羟基，形成糖醇。糖分子中的羟基能与磷酸、硫酸、乙酸酐等脱水生成酯；单糖与非糖化合物缩合的产物叫作糖苷；焦糖化作用和羰氨反应是糖在烹饪中的重要性质。常用白糖（蔗糖）来熬制糖膏，为食品着色；糖是微生物发酵所利用的主要营养物质之一，可以被酵母、细菌、霉菌等所利用。

葡萄糖是自然界分布最广也是最重要的单糖。蔗糖是食物中存在的主要双糖，在烹饪中

的应用有糖芡 、结晶与挂霜、拔丝、糖色。麦芽糖也是一种重要的双糖，常用于食品上色糖浆；在哺乳动物乳汁中的主要糖分就是乳糖，它亦是一种双糖。

根据淀粉结构的特点可分为直链淀粉和支链淀粉，在烹饪中的主要性质就是糊化和老化。糊化的应用：挂糊、上浆、勾芡。糊化后的淀粉低温条件下放置，发生渗水、变硬、体积缩小的现象，称为淀粉的老化，可制作丝、粉皮和虾片。

纤维素是植物细胞壁的主要成分，是由 D-葡萄糖通过 β-1,4-糖苷键连接而成的，没有支链结构大分子多糖，纤维不易被人体消化，具有可促进肠胃蠕动、软化粪便、预防便秘的作用，因此称为膳食纤维。果胶是植物细胞壁的主要成分，是一种典型的植物多糖，琼脂在烹饪中的应用主要是利用它所形成的胶凝，可作为果冻等冷菜的稳定剂、胶凝剂。

思考题

1. 什么叫糖类？糖类包括哪些种类？
2. 单糖和双糖有哪些重要的理化性质？
3. 什么叫羰氨反应？在烹饪中有什么作用？
4. 蔗糖有哪些理化性质用于烹饪中？
5. 直连淀粉和支链淀粉在结构性质上有何不同？
6. 什么叫淀粉的糊化和老化？淀粉的糊化在烹饪中有哪些应用？
7. 果胶、琼脂在烹饪中有什么应用？试各举两例。

第七章　维　生　素

【学习目标】

1. 掌握维生素的分类，食品中常见脂溶性、水溶性维生素的结构、性质特点。
2. 理解维生素在食品贮藏加工过程中的变化。
3. 了解维生素在食品加工中的应用。

第一节　维生素概述

人类在发展过程中，不断完善对营养的需求。19 世纪前，人们以为只需要有糖类、脂肪、蛋白质和水这些主要成分就可以维持生命，后来发现除了以上营养成分外，还需要维生素和矿物质等微量元素。人体对维生素的每日需要量很小，但却是机体维持生命所必需的要素，如果维生素供给量不足，就会出现营养缺乏的症状或某些疾病，摄入过多也会产生中毒。目前已发现有几十种维生素和类维生素物质，但对人体营养和健康有直接关系的约为20 种。主要维生素的分类和功能见表 7-1。

表 7-1　主要维生素的分类

类别	字母命名	俗　名
脂溶性维生素	A	类视黄素,抗干眼病维生素
	D	抗佝偻病维生素
	E	生育酚,生育维生素
	K	凝血维生素
水溶性维生素	B_1	硫胺素
	B_2	核黄素,抗口角炎维生素
	B_3	泛酸
	B_5	维生素 PP,尼克酸,抗癞皮病维生素
	B_6	吡哆素,抗皮炎维生素
	B_{11}	叶酸
	B_{12}	钴铵素
	H	生物素
	C	抗坏血酸

一、维生素的定义

维生素是维持生物正常生命过程所必需的一类小分子有机物，需要量很少，但对维持健康十分重要。从功能看，维生素既不能供给机体热能，也不能作为构成机体组织的物质，但却是机体不可缺少的一类物质。维生素主要是通过作为辅酶或辅基的成分来调节机体代谢。长期缺乏任何一种维生素都会导致相应的疾病（维生素缺乏症）。

维生素在人或动物体内不能合成，或合成量很少，不能满足要求，所以人及动物所需的维生素基本上都源于植物的天然合成。有些维生素在机体内可由其他成分转化而来。本来没有维生素活性，能在人及动物体内转化为维生素的物质称维生素原。

维生素的命名有三种方式：①系统命名法，按发现的先后顺序在"维生素"之后加上A、B、C、D、E等字母，同一类维生素，但是不同种的就用下标如 B_1、B_2、B_6、B_{12} 等表示；②以化学结构特点来命名，如硫胺素、吡哆醇、烟酸、泛酸等；③以生理功能的特点来命名，如抗佝偻病维生素、防脚气病维生素、抗坏血酸等。

二、维生素的分类

由于各种维生素的化学结构各异，生理功能不同，无法按结构或功能分类。维生素一般根据其溶解度分为两大类。①水溶性维生素，能在水中溶解的一组维生素。包括维生素 C、维生素 B_1、维生素 B_2、维生素 PP、维生素 B_6、叶酸、泛酸、生物素、维生素 B_{12} 等。②脂溶性维生素，溶于脂肪及有机溶剂（如苯、乙醚及氯仿等）的一组维生素。常见的有维生素 A、维生素 D、维生素 E、维生素 K 等。

第二节　脂溶性维生素

脂溶性维生素包括维生素 A、维生素 D、维生素 E、维生素 K 4 种。它们不溶于水，而溶于脂肪和有机溶剂中，在食物中与脂类共存，所以脂类吸收好坏对脂溶性维生素的吸收有明显的影响。因脂溶性维生素排泄较慢，易于在肝中贮存，所以并不需要每天由食物中补充。

一、维生素 A

维生素 A 是一类不饱和一元醇，包括视黄醇、脱氢视黄醇等相关的化合物和某些类胡萝卜素，通称类视黄素。维生素 A 分子有 20 个碳原子，由 β-紫罗宁环和两个异戊二烯聚合成。植物与动物中的某些类胡萝卜素分子也具有紫罗宁环，它们可在人及动物体内转化为具有生理活性的维生素 A，这些成分就叫维生素 A 原。例如，α-胡萝卜素、β-胡萝卜素就是维生素 A 原。

视黄醇

维生素 A 为针状结晶，淡黄色，不溶于水，溶于脂肪及有机溶剂。分子中不饱和双键多，易被空气中的氧、氧化剂、紫外线及金属氧化物破坏而损失其生理活性。油脂发生氧化酸败时，油脂中的维生素 A 和维生素 A 原也将受到严重破坏。当食品中含有磷脂、维生素 E、维生素 C 或其他抗氧化物质时，均有助于保护维生素 A 与维生素 A 原。自然界的维生素 A 通常与酸类形成酯，所以对热、酸、碱相当稳定，一般情况下热烫、高温杀菌、碱性、冷冻等处理维生素 A 及维生素 A 原都较稳定。

维生素 A 是构成视觉细胞中感受弱光的视紫红质的组成成分，视紫红质是由视蛋白和11-顺-视黄醛组成，与暗视觉有关。研究表明，维生素 A 对于维持正常视觉、维持上皮细胞的完整性、基因调节、动物繁殖和免疫功能都是必不可少的。近年来的研究还发现，维生素 A 能增强机体抗感染能力，参与蛋白质的合成，维持骨骼的正常生长代谢。缺乏维生素 A，会使人眼眼膜干燥，暗适应性差，表皮细胞角化，甚至会发生夜盲症或失明。由于维生素 A 是脂溶性的，贮藏在肝脏内，如果摄入量过大，可致严重中毒或慢性中毒，甚至死亡。

维生素 A 只存在于动物性食品中，最好的来源是各种动物的肝、肾、鸡蛋、鱼卵中。植物则可提供作为维生素 A 原的类胡萝卜素。

二、维生素 D

维生素 D 又称为抗佝偻病维生素，是类固醇的衍生物。自然界中以多种形式存在，如维生素 D_2、维生素 D_3、维生素 D_4、维生素 D_5 等，其中维生素 D_2 和维生素 D_3 的生理活性最高。维生素 D 贮存于肌体所有组织中，肝脏和脂肪组织中贮量较大。纯净的维生素 D_2 和维生素 D_3 均为白色的晶体。

7-脱氢胆固醇（D_3 原）　　　　胆钙化醇（D_3）

维生素 D 的主要生理功能包括：①促进钙的吸收，维生素 D 与钙同时食用可增加小肠对钙的吸收率；②维持钙、磷在血液中的浓度和平衡；③促进钙沉积在骨骼和牙齿中。维生素 D 可以使血液和体液中的钙向牙齿和骨骼沉积，增加骨和牙的密度，防止软骨症、佝偻症、骨质疏松、龋齿等的发生。

维生素 D 缺乏引起钙、磷的吸收和代谢机制紊乱，导致骨骼钙化不全。维生素 D 缺乏的典型症状，婴幼儿为佝偻病，成年人为软骨症。由于人类维生素 D 的主要来源并非食物，而是皮下 7-脱氢胆固醇经紫外线照射转变而来。故成人若不是生活或工作在长期不能接触日光的环境中，一般不会缺乏。

三、维生素 E

维生素 E 又称生育酚，是所有具有生育酚生物活性化合物的总称，其结构式如下：

α-生育酚

维生素 E 对氧敏感，易于氧化，可保护食品中其他物质免受氧化破坏，故在食品中，特别是植物油中常用作抗氧化剂。由于一般食品中维生素 E 含量尚充分，较易吸收，故不易发生维生素 E 缺乏症。

维生素 E 与动物的生育功能有关，动物缺乏维生素 E 时，其生殖器官受损而不育；维生素 E 极易氧化，可保护其他物质不被氧化，是动物和人体内最有效的抗氧化剂，能对抗生物膜的脂质过氧化反应，保护生物膜结构和功能的完整，延缓衰老。

四、维生素 K

维生素 K 广泛存在于自然界，是一类 2-甲基-1,4-萘醌的衍生物。根据化合物的侧链不同，天然维生素 K 主要分两种。维生素 K_1 存在于绿叶植物中，又称叶绿醌，维生素 K_2 存在于发酵食品中，系由细菌所合成。

维生素 K 为黄色油状物，不溶于水，稍溶于醇，可溶于油脂及脂溶剂。耐热，但易受日光、碱、还原剂的破坏。在空气中被氧缓慢地氧化而分解。由于它不是水溶性物质，在一般的食品加工中也很少损失。

维生素 K 的作用主要是促进肝脏生成凝血酶原，从而具有促进凝血的作用，故又称凝血维生素。维生素 K 缺乏时会减少机体中凝血酶原的合成，出现出血不易凝固的症状。维生素 K 在食物中分布很广，以绿叶蔬菜的含量最为丰富。蛋黄、大豆油和猪肝等也是维生素 K 的良好来源。部分维生素 K 可由大肠杆菌合成。人体一般不会缺乏维生素 K。

第三节　水溶性维生素

水溶性维生素包括 B 族维生素和维生素 C，它们溶于水而不溶于脂肪及脂溶剂。机体贮存这些维生素的能力有限，在满足了组织需要后，多余的将由尿排出，所以应定期按需补充。

一、B 族维生素

（一）维生素 B_1

维生素 B_1 因其分子中含有硫及氨基，故称为硫胺素，又称抗脚气病维生素。其化学结构是取代的嘧啶环和噻唑环由甲基相连而成的一类化合物。硫胺素（盐酸盐）结构式如下：

硫胺素（盐酸盐）

盐酸硫胺素为白色结晶，干燥结晶态对热稳定，在水中溶解度较大，在中性及碱性溶液中加热极易被氧化，逐步被分解破坏，而在酸性溶液中虽加热到 120℃ 也不被破坏。亚硫酸盐都能加速维生素 B_1 的分解，所以，在贮藏含有维生素 B_1 较多的食物如谷类、豆类和猪肉时，不宜用亚硫酸盐作为防腐剂或以二氧化硫熏蒸谷仓。许多鱼和甲壳类动物组织中含有维生素 B_1 酶，也能使维生素 B_1 被分解。维生素 B_1 是所有维生素中最不稳定者之一。

维生素 B_1 主要存在于种子外皮及胚芽中，米糠、麦麸、黄豆、酵母、瘦肉等食物中含量最丰富。当维生素 B_1 缺乏时，糖代谢受阻，丙酮酸积累，机体能量来源发生障碍。维生素 B_1 缺乏会引起脚气病。

（二）维生素 B_2

维生素 B_2 又称核黄素，可认为是核糖醇与 7,8-二甲基异咯嗪二者缩合而成。它在自然界中主要以黄素单核苷酸（FMN）和黄素腺嘌呤二核苷酸（FAD）这两种辅酶的形式存在，与蛋白质结合成黄素蛋白（黄酶）。

核黄素是橙黄色针状晶体，味苦，溶于水和乙醇，水溶液呈黄绿色荧光，在酸性或中性溶液中对热稳定。在碱性或光照条件下极易分解。熬粥不放碱就是这个道理。核黄素在大多数食品加工条件下都很稳定，在蔬菜罐头中，它是水溶性维生素中相当稳定的一种。

核黄素是体内黄酶的辅酶（FMN 和 FAD）的重要组成成分，参与糖、脂肪、蛋白质的代谢，维持正常视觉功能，促进生长。核黄素缺乏主要是出现黏膜的炎症，如结膜炎、口角炎、舌炎，还易出现贫血等症状。

核黄素的来源最好是动物性食物，如肉类、牛奶；其次为豆类，至于绿叶蔬菜，在膳食中的量多，故亦是核黄素的重要来源。

（三）维生素 B_3

维生素 B_3 因分布极广，又名泛酸。维生素 B_3 在体内是合成辅酶 A（CoA）的原料，CoA 是有关酰化作用的辅酶，在糖、脂肪、蛋白质的代谢中都有很重要的作用。维生素 B_3 为浅黄色的黏性油状物，呈酸性，易溶于水，在碱性溶液中易分解。由于人体自身肠道菌可以合成维生素 B_3，所以一般没有缺乏症。

（四）维生素 B_5

维生素 B_5 又称维生素 PP 或抗癞皮病维生素，是一种含烟酸或烟酰胺的 B 族维生素。属于吡啶类化合物。维生素 B_5 为白色针状晶体，溶于水及乙醇，是一种最稳定的维生素。对光、热、氧、酸和碱不敏感，在食品和食品加工时相当稳定，其结构式如下：

烟酸　　　　　　　　　烟酰胺

膳食中长期缺少维生素 B_5 可引起对称性皮炎，又叫癞皮病或糙皮病。常流行于主食只有单一的谷物，如只吃玉米的地区，如今在面包和玉米食品中添加了烟酸，以及饮食结构多样化，已基本控制了这种病。富含维生素 B_5 的食物有动物肾脏、肝脏、牛肉、猪肉、豆类、啤酒酵母、蛋、蘑菇、坚果、蜂王浆、全麦等。

（五）维生素 B_6

维生素 B_6 是具有吡哆结构的衍生物，又名吡哆素，在食物中有吡哆醇、吡哆胺和吡哆醛三种形式。维生素 B_6 是白色晶体，易溶于水和酒精。对热都很稳定。其中吡哆醇最稳定，并常用于食品的营养强化。

维生素 B_6 缺乏会引起氨基酸和蛋白质的代谢异常，其临床症状主要表现为贫血、脂溢性皮炎、舌炎、神经系统病变等。富含维生素 B_6 的食物有绿色蔬菜、啤酒、小麦麸、麦芽、肝、大豆、甘蓝、糙米、蛋、燕麦、花生、核桃等。

（六）维生素 B_7

维生素 B_7 又叫维生素 H、生物素，主要功能是作为羧化酶的辅酶参与物质代谢中的羧化反应。在食品中一般都与蛋白质结合而存在。维生素 B_7 为白色细长针状晶体，易溶于热水和稀碱，耐热、耐酸，在碱性溶液中稳定性较差，不易氧化。

（七）维生素 B_{11}

维生素 B_{11}，又称叶酸，最初是于 20 世纪 40 年代从菠菜叶中分离提取而得名，是蝶酸和谷氨酸结合而成的化合物。叶酸为深黄色晶体，微溶于水，溶于乙醇和碱性溶液。在无氧条件下对碱很稳定。容易被光破坏，食物室温存贮时，叶酸也很容易损失。缺乏时会患恶性贫血、舌炎和肠胃炎，孕妇缺乏叶酸易导致胎儿畸形，脊柱裂。

（八）维生素 B_{12}

维生素 B_{12} 是唯一含有金属元素钴的维生素，又称钴胺素。维生素 B_{12} 结构很复杂，性质相当稳定，能溶于水和酒精。熔点甚高，在 320℃ 时都不熔。维生素 B_{12} 可以通过增加叶酸的利用率来影响核酸和蛋白质的合成，从而促进红细胞的发育和成熟。人体维生素 B_{12} 需要量极少，只要饮食正常，就不会缺乏。缺乏时可引起巨幼红细胞性贫血。

二、维生素 C

维生素 C 可以防止坏血病，并具有明显的酸味，故又叫抗坏血酸，是一个含有 6 个碳原子的酸性多羟基化合物。由于多羟基的存在使维生素 C 具有还原剂的性质，在有氧化剂存在时，抗坏血酸可脱氢变成脱氢抗坏血酸。

维生素 C 为无色晶体，熔点为 190～192℃，味酸，易溶于水及乙醇，不溶于大多数有机溶剂。固体维生素 C 比较稳定，在水溶液中极易氧化，在中性或碱性溶液中破坏尤其迅速。遇空气、热、光、碱等物质，特别是有氧化酶，如植物组织中含有的抗坏血酸氧化酶及铜、铁等金属离子存在时，可促进其氧化破坏过程。特别是当食品组织破坏，与空气接触面增大，就能迅速地使维生素 C 氧化导致果蔬褐变。烹饪加工中，维生素 C 等易溶于水中，所以它很容易从食物的切面等处流失，例如果蔬烫漂、沥滤时维生素 C 大量损失。在食品中加入了某些添加剂，如漂白剂亚硫酸盐也可破坏维生素 C 的活性。利用维生素 C 的强还原性，在食品工业上常用以作抗氧化剂。

维生素 C 具有广泛的生理功能：可促进组织中胶原蛋白的形成，利于组织创伤口的更快愈合；促进胆固醇代谢，预防心血管病；促进氨基酸的代谢，延长肌体寿命；促进铁和叶酸的代谢，有利于血红蛋白的形成；促进牙齿和骨骼的生长，防止牙床出血；增强肌体对外界环境的抗应激能力和免疫力等。维生素 C 的严重缺乏会引起坏血病。

维生素 C 主要食物来源为植物性食物，特别是新鲜的蔬菜和水果。以深色果蔬中，特别是大枣、柑橘类、山楂、猕猴桃中含量较丰富。

第四节　维生素在贮藏及烹饪过程中的变化

维生素是食品中很容易变化的成分，特别是人体所需的维生素 C、硫胺素、核黄素和维生素 A，它们的稳定性都较差。影响它们稳定性的因素很多，包括食品介质如水和油脂、氧气、温度、酶、pH 值、光照、金属以及加工时间等。维生素损失程度的大小按其种类大致的顺序为：维生素 C＞维生素 B_1＞维生素 B_2＞其他 B 族维生素＞维生素 A＞维生素 D＞维生素 E。我们要了解维生素在各种条件下的稳定性，以便进行更科学的烹饪，尽可能保持食物的营养价值。主要的几种维生素的稳定性见表 7-2 和表 7-3。

表 7-2　脂溶性维生素的稳定性

名称	酸性	中性	碱性	氧气空气	光辐射	加热/℃ 110	加热/℃ >150	备注	估计烹调损失率/%
维生素 A	U			U	U		U	烹饪稳定	0～40
维生素 D					U			烹饪稳定	0～40
维生素 E				U	U	U	U	较不稳定	0～55
维生素 K	U		U	U	U		U	不稳定	0～65

注：U—不稳定。

一、维生素损失的原因

维生素在食品贮存和烹饪过程中的损失主要是沥滤流失和分解破坏两方面，这是由维生素的性质所决定的。引起其损失的有关性质主要有以下几个方面。

表 7-3　水溶性维生素的稳定性

名　称	酸性	中性	碱性	氧气空气	光辐射	加热/℃		备　注	估计烹调损失率/%
						110	>150		
维生素 C		U	U	U	U	U	U	很不稳定	0～100
维生素 B_1		U		U		U	U	不稳定	0～80
维生素 B_2			U	U	U		U	不稳定	0～75
维生素 B_6			U		U		U	较稳定	0～40
维生素 B_{11}	U			U	U	U	U	不稳定	0～100
维生素 B_{12}				U	U		U	较稳定	0～10

注：U—不稳定。

（一）溶解

原料的清洗、修整和烹饪过程中经常用水，容易造成各种水溶性维生素的流失。它们可在加工中随食品水分的流动而流失，特别是食品组织结构被破坏、食品原料被切得过小或过碎、在水中浸泡时间过长，都容易使水溶性维生素流失。水中烧煮时，食品中的水溶性维生素容易从切口或损伤的组织流出溶于菜肴的汤汁中。

脂溶性维生素如维生素 A、维生素 D、维生素 K、维生素 E 等只能溶解于脂肪中，因此烹饪原料用水冲洗过程和以水作传热介质烹制时，不会流失，但用油作传热介质时，部分脂溶性维生素会溶于油脂中。比如当油炸食物时，可使脂溶性维生素 A、维生素 E 溶解于油中而损失。然而，与脂肪一起烹调却可大大提高维生素 A 原的吸收利用率，因此，胡萝卜菜应与油同烹调，或者与肉类一起炒。

（二）氧化反应作用

对氧敏感的维生素有维生素 A、维生素 E、维生素 K、维生素 B_1、维生素 B_{12}、维生素 C 等，它们在食品的烹饪过程中，很容易被氧化破坏。如在烹调中使用很少量的酸败油脂，就足以破坏食物中大部分的维生素 E。维生素 C 对氧尤其不稳定，特别是在水溶液中更易被氧化，氧化的速率与温度关系密切。维生素 C 还受加热时间的影响，时间越长，损失越多，因此在烹饪中应尽可能缩短加热时间，以减少损失。

（三）热分解作用

水溶性维生素对热的稳定性比较差，如维生素 C、维生素 B_1 对热最不稳定，而脂溶性维生素对热较稳定，如维生素 A 在隔绝空气时，受热较稳定，但在空气中长时间加热，则破坏程度增加。

（四）酶的作用

在动植物性原料中，存在多种酶，有些酶对维生素也具有分解作用，如脂肪氧化酶对多数脂溶性维生素及水溶性维生素有一定程度的氧化作用，果蔬中的抗坏血酸氧化酶能加速维生素 C 的氧化。但在 90～100℃下经 10～15min 的热处理，可破坏酶的活性。例如，未加热处理的果蔬中维生素 C 会受氧化酶的作用迅速氧化；而加热处理后破坏了酶的活性，减慢了维生素 C 氧化。

除了以上因素，维生素的变化还受到光、酸、碱等多种因素的影响。

二、维生素在贮藏和烹饪过程中的变化

（一）贮藏过程中的变化

水果、蔬菜在采收过程使细胞受损，释放出氧化酶和水解酶，使维生素含量下降。苹果贮存 2～3 个月，维生素含量可下降到采收时的 1/3 左右。绿色蔬菜在高温条件下贮存 1～2

天，维生素 C 含量减少到 30％～40％，低温下贮存，损失较少。

　　禾谷类原料所含维生素在贮藏过程中的变化，依其籽粒含水量而不同。含水量 12％的小麦，贮藏 5 个月，维生素 B_1 损失 12％；含水量 17％的小麦，在同样的贮藏期中，维生素 B_1 损失达 30％。若在高温下贮藏，损失更多，例如玉米在 35 ℃下贮存一周，胡萝卜素便减少 34％。稻谷、花生等原料若能在隔绝空气的条件下带壳保藏，维生素损失不多，特别是硫胺素含量基本无很大变化。

　　原料暴露在空气中贮藏，对光敏感的维生素很容易遭到破坏。如牛乳在阳光下曝晒 2h，维生素 B_2 的损失可达 50％。北方人喜欢在秋季、冬季晒干菜（包括动、植物原料），这样会导致原料中的脂溶性维生素遭到破坏。

　　食物最常用的贮存方法是冷冻，低温能使大多数维生素较稳定，但是解冻过程中常会导致维生素 C 以及 B 族维生素等水溶性维生素损失。水溶性维生素可溶解在冰晶的融化水中，并随之流失。例如，蔬菜经冷冻后，维生素 B_6 损失为 37％～56％；肉类食品中泛酸的损失为 2％～70％。因此，对冷冻保存的肉类制品，解冻时应尽量减少组织、细胞的破坏，可采取在室温下逐步解冻的办法。

　　（二）修整和碾磨中的变化

　　烹饪原料在烹调前大多要经过修整，如摘叶、去梗、去皮、切割等，会导致维生素的损失。如苹果皮中的维生素 C 含量比果肉高 3～10 倍；柑橘皮中的维生素 C 也比汁液中高；胡萝卜表皮层的烟酸含量比其他部位高；土豆、洋葱和甜菜等植物的不同部位也存在营养素含量的差别，因而在修整果蔬原料时会造成部分营养素的损失。另外，在一些食品去皮过程中会因使用强烈的化学物质，如碱液处理，也会使外层果皮的营养素遭破坏。

　　谷物碾磨时可因机械作用脱去种皮和胚芽，导致谷物表层中所含的维生素、矿物质等不同程度流失到麸皮之中。如维生素 B_1 主要存在于谷物表面的糊粉层以及胚芽中，过度的碾磨可使维生素 B_1 几乎完全丧失。

　　（三）洗涤和焯水引起的变化

　　绝大多数烹饪原料在烹制之前要经过洗涤，有些原料还要进行焯水。在洗涤和焯水过程中，原料中的水溶性维生素，如维生素 B_1、维生素 B_2、维生素 B_3、维生素 PP、维生素 C 和叶酸等，有一部分会溶于水中造成维生素损失。原料的切口或破损表面越大、水量越多、水流速越快、水温越高，则维生素的损失就越严重。如去皮的土豆，浸水 12h，未切碎和切碎的，维生素 B_1 的损失率分别为 8％和 15％，维生素 C 的损失率分别为 9％和 51％；蔬菜洗后再切，比切后再洗，维生素的保存率要高得多，因此蔬菜宜先洗后切，做菜时勿浸泡、挤汁，以减少维生素的损失。大米在漂洗过程中会损失部分维生素。我国学者对大米漂洗后 B 族维生素的损失情况进行过研究，结果发现维生素 B_1 可损失 30％～60％，维生素 B_2 和维生素 PP 可损失 20％～25％，维生素 B_6 为 47％，而且淘洗次数越多、用力越大，B 族维生素损失越多。因此，大米等漂洗时应减少次数，避免用力搓洗。

　　（四）烹调加热过程中引起的变化

　　食物在烹调时要经受高温，并在加热条件下与氧气、酸、碱和金属炊具接触，引起许多维生素被氧化与破坏，造成不同程度的损失。比如谷类中的维生素 B_1 经蒸或烤约损失 10％，水煮则损失 25％，若受高温和碱的作用，则损失更大，如炸油条时，几乎全部被破坏。维生素 PP 在高温油炸或加碱的条件下，可损失 50％左右。维生素 C 不仅热稳定性差而且容易氧化，加热时间越长，维生素 C 的损失就越严重，如蔬菜旺火快炒 2min，损失率为

30％～40％，延长 10min，损失率达 50％～80％。维生素 C 在酸性介质中比较稳定，因此在烹调时加点醋，有利于保护维生素 C 少受损失。含维生素 C 较多的蔬菜在烹调时不宜放碱、矾，也不宜用铜或其他重金属炊具，否则会加速其破坏。维生素 E 容易被氧化，尤其是在高温、碱性介质和有铁存在的情况下，其破坏率可达到 70％～90％，使用酸败的油脂，则破坏率更高。为了尽量减少维生素在烹调加热中的损失，尽量选用合理的烹调方法。例如采用旺火快炒等高温短时间烹调方法能较好保留热敏性维生素；采用热烫和焯水使食品中有害的酶失活、减少微生物污染、排除空隙中的空气，有利于食品贮存时维生素的稳定；采用炒、滑、熘等烹调法，成菜时间短，尤其是原料经勾芡下锅汤汁溢出不多，减少水溶性维生素从菜肴原料中的析出。蒸汽加热或微波炉烹调，比传统的水煮法能更好地保留维生素。

本 章 小 结

维生素是维持生物正常生命过程所必需的一类小分子有机物，需要量很少，但对维持健康十分重要。维生素主要是通过作为辅酶或辅基的成分来调节机体代谢。长期缺乏任何一种维生素都会导致相应的疾病。维生素一般根据其溶解度分为两大类：水溶性维生素，维生素 C、维生素 B_1、维生素 B_2、维生素 PP、维生素 B_6、叶酸、泛酸、生物素、维生素 B_{12} 等；脂溶性维生素，常见的有维生素 A、维生素 D、维生素 E、维生素 K 等。

维生素是食品中很容易变化的成分，它们的稳定性都较差。影响它们稳定性的因素很多，包括：食品介质氧气、温度、酶、pH 值、光照、金属以及加工时间等，了解维生素在各种条件下的稳定性，以便进行更科学的烹饪，尽可能保持食物的营养价值。

维生素损失的原因主要有以下几个方面：溶解性、氧化反应、热分解作用、酶的作用；

维生素在贮藏和烹饪过程中的变化：修整和碾磨、洗涤和焯水、烹调加热。合理的贮存和烹调可以减少各种维生素的损失。

思考题

1. 维生素有哪些共同特点？
2. 简述维生素 E 的功能、稳定性，在哪些食物中存在及在功能食品中的应用。
3. 简述维生素 A、C、D、B_1 的缺乏症及主要食物来源。
4. 食品中维生素在食品贮存及烹调中的损失与哪些因素有关？为了尽量降低维生素的损失，烹调加工时应注意什么？
5. 为什么说粗粮比细粮的营养价值高？

第八章　酶和激素

【学习目标】

1. 了解酶的化学本质及组成。
2. 理解酶的作用机制。
3. 掌握淀粉酶、蛋白酶在烹饪中的应用。

　　生物体内的生命活动极为复杂，在新陈代谢过程中发生的生物化学反应，必须要有酶的参与。人类运用酶的催化作用，已有悠久的历史。我们的祖先早在公元前 2000 多年就会酿酒、制酱，只是当时并不知道是酶这种物质在起作用。酶与烹饪的关系很密切，如动物屠宰后，酶的作用可使肉嫩化，使肉类原料的风味和质构得到改善。激素通常是生物体体内的内分泌腺产生的生物活性物质，对于调节代谢功能具有重要作用。食品营养成分的增加或降低，食品风味的改善和劣化，以及食品成熟和腐烂中的许多生化反应都与酶或激素有关。

第一节　酶　概　述

　　酶是由生物体活细胞产生的、在细胞内外均能起催化作用的一类功能蛋白质。生物体内的一切代谢反应几乎都是由酶催化完成的。

一、酶的化学本质及组成

（一）酶的化学本质

　　尽管迄今为止已经发现并证实了少数有催化活性的 RNA 分子，但几乎所有的酶都是具有催化功能的蛋白质。1926 年美国生物化学家 James B. Summer 第一次从刀豆中分离得到脲酶结晶，同时证明了脲酶的蛋白质本质。以后对陆续发现的 2000 多种酶的研究，特别是1969 年核糖核酸酶的全合成成功，充分证明了酶的本质是蛋白质。其科学证据有以下几点：①酶与蛋白质有着相同的元素组成和含氮量；②酶与蛋白质有着相同的化学结构和空间构象；③酶与蛋白质有着相同的两性离子的性质；④酶与蛋白质的胶体性质相同；⑤酶与蛋白质共同具有相同的酸碱性质、降解作用、颜色反应、变性因素等理化性质。以上论据证明了酶的化学本质是蛋白质。

（二）酶的组成

　　酶与一般蛋白质一样，种类很多。根据酶蛋白分子的化学结构，可分为单纯酶和结合酶。

1. 单纯酶

　　单纯酶又称单成分酶，仅由氨基酸残基构成，其水解的最终产物是氨基酸，没有其他物质。大多数水解酶和合成酶都是单纯蛋白酶，如胃蛋白酶、木瓜蛋白酶、淀粉酶、谷氨酰胺合成酶等。

2. 结合酶

　　结合酶又称双成分酶或全酶，由酶蛋白和非蛋白因子（辅助因子）组成。只有全酶才具有催化活性，任何一部分单独存在都不具有催化活性。

$$全酶(结合酶)＝酶蛋白＋活性基$$

二、酶的特性

酶是蛋白质，具有蛋白质的一般理化性质，同时酶又是生物催化剂，还具有一般催化剂没有的催化特性。

（一）酶的高效催化性

酶的催化效率极高，比一般催化剂高 $10^7 \sim 10^{13}$ 倍。极少量的酶就可以使大量的物质很快地发生化学反应。在相同条件下，无机催化剂需要数月甚至一年才能完成的反应，酶只要数秒就可完成。例如，在催化 H_2O_2 分解为 H_2O 和 O_2 时，过氧化氢酶比无机催化剂铁离子的催化能力高 10^{10} 倍。

（二）酶的高度专一性

酶的催化作用具有高度的专一性，酶对其催化物质的选择性比其他催化剂严格得多。一种酶只能作用于一类化合物，或作用于一定的化学键或一种立体异构体，从而产生一定的产物，这种现象就称为酶的专一性或特异性。例如，淀粉酶只能催化淀粉水解，不能催化其他化学成分发生反应。L-氨基酸氧化酶只对 L-型氨基酸起氧化作用，对 D-型氨基酸无作用。酶的专一性使酶的催化反应产物比较单一、副产物少。

（三）酶的反应条件温和，活性可调控

生物体内酶的催化反应，一般在常温、常压和近中性的溶液等温和的条件下进行，不需要复杂的设备和苛刻的反应条件。同时，生物体内的酶促作用可受多种因素的调节与控制。

第二节 酶的作用机制及影响因素

一、酶的活性中心

酶分子与底物相结合的特定区域称为酶的活性中心。这一区域的一些基团还直接参与化学键的形成与断裂，与酶的催化活性密切相关，称为酶的必需基团。必需基团分为两种：结合基团和催化基团，前者是专与底物结合的基团，表现了酶的专一性；后者是能促进底物发生化学变化的基团，表现了酶的催化性。有些必需基团兼有这两种作用。需指出的是，如果酶蛋白变性，其立体结构被破坏，则酶活性中心的构象相应也会受到破坏，则酶失去活力。

二、酶的作用机制

酶通过何种方式实现其高效催化效能，至今尚未完全阐明，一般认为是酶能够大大降低化学反应所需的活化能。所谓活化能，就是指一般分子成为能参加化学反应的活化分子所需要的能量。

酶在发挥其催化作用以前，必须与底物密切结合，这种结合并非锁与钥匙式的机械结合。其作用方式是当酶与底物相互接近时，两者之间在结构上相互诱导、相互变形和相互适应，进而相互结合，把这一过程称为诱导契合学说，也可称为中间产物学说。即酶（E）先与底物（S）结合形成不稳定的中间产物（ES），这种中间产物具有较高的活性，它不仅容易生成，而且容易变成产物（P），并释放出酶（E）。

三、影响酶促反应的因素

酶促反应容易受到环境因素的影响和制约，这些因素主要包括：温度、pH、酶浓度、底物浓度及其他因素等。

1. 温度对酶促反应的影响

酶的催化作用受温度影响最为明显。每一种酶的活力要在最适宜的温度下，才能充分表现出来。酶促反应速率达到最大值时的温度称为最适温度。低温时酶的活性较弱，但酶不被破坏。烹饪中利用冰箱或冰柜来保存原料，就是降低了动植物原料体内酶的活性，减慢代谢，来防止食物腐败变质。当温度升高到最适温度以上，酶的活性会降低，升高到一定温度后酶会失去活性，酶失活后一般不会恢复。烹饪加工中利用高温使动植物原料体内的酶和微生物的酶失活，达到杀菌与保存食品的目的。

2. pH 对酶促反应的影响

环境 pH 影响酶活性中心各种基团的解离。酶促反应速率达到最大值时的 pH 称为最适 pH。若 pH 偏离了最适 pH，则酶活性下降，酶促反应速率变慢，甚至会导致酶变性失活。例如用酸处理易褐变的水果和蔬菜，可以降低多酚类酶的活性，使褐变反应进行缓慢。烹饪中腌酸菜不易坏的主要原因就是醋酸使溶液 pH 降低，菜和微生物中的酶发生变性。

3. 酶浓度对酶促反应的影响

当底物充足时，酶促反应速率与酶浓度成正比例关系。

4. 底物浓度对酶促反应的影响

在反应一开始时，初速率与底物浓度成正比。当反应速率达到最大反应速率时，速率不再随底物浓度而变化。在食品工业中，为了节省成本、缩短时间，一般以过量的底物在短时间内达到最大的反应速率。

此外，激活剂、抑制剂、水分活度都对酶促反应有一定影响。

第三节　主要酶类在烹饪领域中的应用

烹饪加工中重要的酶主要是水解酶类和氧化还原酶类，其中水解酶最为重要，常见的有淀粉酶、蛋白酶和脂肪酶。

一、淀粉酶

淀粉酶属于水解酶类，是催化淀粉、糊精和糖原中糖苷键水解的一类酶的统称。它广泛地分布于自然界，几乎所有动物、植物和微生物体内都含有淀粉酶。它是研究较多、生产最早、应用最广和产量最大的一种酶。按照水解淀粉方式的不同，淀粉酶可以分为四类：α-淀粉酶、β-淀粉酶、葡萄糖淀粉酶、脱支酶。

（一）α-淀粉酶

α-淀粉酶水解淀粉时，以随机的方式从分子内部水解 α-1,4-糖苷键，生成糊精和还原糖。在制造面包时，α-淀粉酶为酵母提供糖分以改善产气能力，改善面团结构，延缓陈化时间。在制造啤酒时，α-淀粉酶除去啤酒中由于残存淀粉所引起的雾状浑浊。α-淀粉酶还影响粮食的食用质量，例如久置的大米中的 α-淀粉酶的活性逐渐丧失，因此煮出来的饭不如新米煮出来的好吃。

（二）β-淀粉酶

β-淀粉酶水解淀粉时，从 α-1,4-糖苷键的非还原性末端开始，每次切下一个麦芽糖分子，并使麦芽糖分子的构型从 α 型变成 β 型。β-淀粉酶一旦遇到 α-1,6-糖苷键的分支点，就不再具有水解能力。β-淀粉酶对食品质量有很大的影响，如烤面包、发酵馒头，都需要面粉中含有一定量的 β-淀粉酶。β-淀粉酶主要用于生产麦芽糖和在啤酒生产时节约麦芽用量。

（三）葡萄糖淀粉酶

葡萄糖淀粉酶又称糖化酶，除了能从淀粉的非还原性末端切开 α-1,4-糖苷键外，也能切开 α-1,6-糖苷键和 α-1,3-糖苷键。糖化酶的主要用途是作为淀粉糖化剂来制糖。

（四）脱支酶

脱支酶又称异淀粉酶，只对 α-1,6-糖苷键有专一性。其主要用途有：将直链淀粉转化为支链淀粉；与 β-淀粉酶配合使用生产麦芽糖；在啤酒生产时节约麦芽用量，保证糖化完全。

二、蛋白酶

蛋白酶是能水解蛋白质或多肽的一类酶，水解产物为多肽或氨基酸。它广泛地分布于动物、植物和微生物中。根据蛋白质的水解方式可将蛋白酶分为内肽酶和外肽酶两类。内肽酶又称肽链内切酶，它从肽链内部水解肽键，结果主要得到较小的多肽碎片。外肽酶又称肽链外切酶，它从肽链的某一端开始水解肽键，又可分为两类：从肽链的氨基末端开始水解肽键的称为氨肽酶，从肽链的羧基末端开始水解肽键的称为羧肽酶。根据烹饪领域的习惯，蛋白酶又可分为植物蛋白酶、动物蛋白酶、微生物蛋白酶。

（一）植物蛋白酶

在烹饪中常用的植物蛋白酶有木瓜蛋白酶、菠萝蛋白酶和无花果蛋白酶。木瓜蛋白酶主要从番木瓜胶乳中得到，与其他蛋白酶比较，热稳定性较高；菠萝蛋白酶可从菠萝汁和粉碎的茎中提取；无花果蛋白酶存在于无花果胶乳中。它们常用于肉的嫩化和啤酒的澄清。

（二）动物蛋白酶

动物性烹饪原料中天然存在动物蛋白酶，这些酶对动物蛋白质的作用会直接影响原料质地的变化。如果这些变化是适度的，食品会具有理想的质地，如肉质的嫩化；否则，就会产生不良后果。这里主要介绍组织蛋白酶和牛乳中的蛋白酶对其品质的重要影响。

组织蛋白酶存在于动物组织的细胞内，参与了肉成熟期的变化。这种酶在动物死亡后释放出来并被激活，将肌肉蛋白质水解成多肽碎片和氨基酸，使肉产生良好的风味，肉则变得成熟。而且与其他组织相比，肌肉组织中的组织蛋白酶活性很低，这样才会导致动物死后僵直肌肉以缓慢、有节制、有控制的方式松弛，肉才具有良好的质地。

牛乳中有两种蛋白酶：碱性乳蛋白酶和酸性乳蛋白酶，其中对乳品品质影响最大的蛋白酶是碱性乳蛋白酶，因为酸性乳蛋白酶受热易失活，而碱性乳蛋白酶较稳定。碱性乳蛋白酶在牛乳中的含量随泌乳期的延长而增加，它可将 β-酪蛋白转变成 γ-酪蛋白，这一过程对于原料乳中乳蛋白质的组成、性质有重要影响。

（三）微生物蛋白酶

在细菌、霉菌、酵母菌等微生物中含有多种蛋白酶，可用于生产蛋白酶制剂。微生物蛋白酶应用于食品或药物的菌种，必须经过严格选择，限于枯草杆菌、黑曲霉和米曲霉三种。微生物蛋白酶在食品加工中用途广泛。例如，在面包、饼干制作中添加微生物蛋白酶，可改善面包、饼干的质量；在肉类嫩化时也可用微生物蛋白酶，从而代替价格较贵的木瓜蛋白酶；微生物蛋白酶还被用于啤酒和酱油的制造，以提高产量和改善质量。

此外，人体消化道内还有很多蛋白酶，主要是胃蛋白酶、胰蛋白酶、糜蛋白酶等。它们分别由各自的酶原激活而成。在体内这几种酶有效地协同作用，将蛋白质切成许多碎片，再水解成氨基酸。

三、脂肪酶

脂肪酶又称甘油酯水解酶，它能把脂肪水解为脂肪酸和甘油，广泛存在于动植物组织和微生物中。脂肪酶只有在甘油酯和水所构成的乳状液中才有较大的活性。

脂肪酶在面粉中有良好的乳化作用，可以改善面包、馒头的质构，使面团更具操作性和稳定性。脂肪酶可以用于人造奶油、类可可脂的生产，鱼油中 DHA 的纯化，食用油的精炼，提取维生素 E 等。

但要注意的是，粮油中含有脂肪酶，常常使一定量的脂肪被催化水解而使游离脂肪酸含量升高，从而导致粮油的变质、变味，品质下降。

人体的消化道中含有胃脂肪酶、胰脂肪酶等脂肪水解酶，它们对人体所食入的脂肪在体内的消化起着很重要的作用。

第四节　激　素

一、激素概述

激素（hormone）音译为荷尔蒙，通常是指由人和动物体内的内分泌腺所产生的一类生物活性物质，在腺体内合成后不经过导管而直接分泌进入血液和淋巴液，作用于全身，对机体的代谢、生长、发育和繁殖等起重要的调节作用。不但动物体内有激素，植物体内也存在激素。因此，激素可以定义为：生物体中内源产生的作用于器官组织的分化和调节代谢功能的微量有机物质。

激素主要分为两类：动物激素和植物激素。动物激素是指由动物腺体细胞和非腺体组织细胞所分泌的一切激素，分为腺体激素和组织激素。腺体激素中由内分泌腺分泌的激素称为内分泌激素。植物激素是指植物体内合成的对植物生长发育有显著作用的微量活性物质，也被称为植物天然激素或植物内源激素。

激素的作用是建立组织与组织、器官与器官之间的化学联系，通过调节各种化学变化的速率、方向及相互关系，使机体保持生理上的平衡。具体来说，激素的生理作用主要是：通过调节物质代谢，维持代谢的平衡，为生理活动提供能量；促进细胞的分裂与分化，确保各组织、器官的正常生长、发育及成熟，并影响衰老过程；影响神经系统的发育及其活动；促进生殖器官的发育与成熟，调节生殖过程；与神经系统密切配合，使机体能更好地适应环境变化。激素的分泌量随机体内外环境的改变而增减。正常情况下，各种激素的作用是相互平衡的。但任何一种内分泌腺机能如果发生亢进或减退，就会破坏这种平衡，扰乱机体的正常代谢及生理功能，从而影响机体的正常发育和健康，甚至引起死亡。

二、动物激素

高等动物体内产生激素的内分泌腺很多，主要有甲状腺、肾上腺、胰岛、胸腺、性腺和脑垂体等。这些腺体分泌的激素种类很多，按化学结构可分为四大类，即氨基酸衍生物、肽与蛋白质、类固醇、脂肪酸衍生物。

（一）氨基酸衍生物

这类激素是由氨基酸衍生而来的，有甲状腺分泌的甲状腺素、肾上腺髓质分泌的肾上腺素等。甲状腺素的主要功能是增加代谢率，促进新陈代谢和生长发育，尤其对中枢神经系统的发育和功能具有重要影响，人体甲状腺机能必须保持正常才能维持机体的健康。肾上腺素的主要功能是促进肝糖原分解为葡萄糖从而增加血糖量，还可使毛细血管收缩，增高血压。

（二）肽与蛋白质

肽与蛋白质类激素包括由脑垂体、胰腺、甲状腺、甲状旁腺、胃黏膜、十二指肠黏膜及非腺体组织分泌的多种激素，如生长素、胰岛素和胰高血糖素等都起着重要作用。生长素的主要作用是可促进蛋白质的合成和骨的生长，使器官生长和发育。胰岛素的生理作用主要是降低血糖含量，促进糖原的生物合成，以及促进蛋白质及脂质的合成代谢。胰高血糖素则主要是促进肝糖原分解，增加血糖量。血糖偏低会刺激胰高血糖素的分泌。

（三）类固醇

类固醇分肾上腺皮质激素和性激素两类。肾上腺皮质激素主要生理功能是调节糖、脂肪、蛋白质的代谢和水盐代谢。性激素有雄性激素和雌性激素两大类。

（四）脂肪酸衍生物

在人体和高等动物体内目前只发现前列腺素属于这类激素。前列腺素具有多种生理功能和药理作用，与肌肉、心血管、呼吸、生殖、消化、神经系统都有关系。前列腺素的作用极其复杂，其产生的不平衡是导致许多疾病的原因。

三、植物激素

植物激素有五类，即生长素、赤霉素、细胞分裂、脱落酸和乙烯。它们都是些简单的小分子有机化合物，却对植物的生长发育有重要的调节控制作用。

（一）生长素

生长素在低等和高等植物中普遍存在，习惯上常把吲哚乙酸作为生长素的同义词。生长素存在于植物生长旺盛的部位，能促进植物细胞的伸长，但不同的器官所需的最适浓度不同。在农业生产中应用广泛，如，扦插植物时用生长素处理后可提高存活率；引起单性结实，形成无籽瓜果；有效疏花疏果，并可克服果树大小年现象等。在农业上广泛使用萘乙酸、2,4-二氯苯氧乙酸等合成的植物生长素。

（二）赤霉素

目前已从赤霉菌和高等植物中分离出 60 多种赤霉素。高等植物中的赤霉素主要存在于幼根、幼叶、幼嫩种子及果实中。赤霉素的作用是能促进植物生长和形态的生成，破坏种子休眠期，促使果实生长等。在蔬菜生产中，常用赤霉素来提高茎叶用蔬菜的产量。另外，赤霉素还可提高麦芽中 α-淀粉酶的含量，因此在啤酒生产中制麦芽时使用。

（三）细胞分裂

细胞分裂素又称细胞激动素，泛指与激动素有同样生理活性的一类嘌呤衍生物。细胞分裂素存在于植物生长活跃的部位，主要在根尖和幼果中合成。细胞分裂素可以促进细胞分裂和分化，促进细胞横向增粗，破坏休眠等。细胞分裂素主要应用于蔬菜保鲜中。

（四）脱落酸

脱落酸是一种抑制生长的植物激素，最初因能使叶子脱落而得名。脱落酸可能广泛分布于高等植物，除引起植物的某些器官脱落外，还可使芽进入休眠状态，促使马铃薯形成块茎等。

（五）乙烯

乙烯是高等植物体内正常代谢的产物，广泛存在于植物的各种组织、器官中，是由蛋氨酸在供氧充足的条件下转化而成的。乙烯有降低生长速率、促进果实成熟、诱导种子萌发、促进器官脱落等效应。2-氯乙基膦酸（乙烯利）常被作为乙烯发生剂对水果进行催熟处理。

四、激素在烹饪中的应用

随着科技的发展，激素在烹饪原料中的应用也越来越广泛，比如现在有越来越多的蔬菜和水果在接近成熟时就提前采摘下来，待销售前夕再使用大量的激素如增红剂、催熟剂、膨大剂等进行处理，这样不仅能延长蔬菜水果的保藏期和销售期，而且可以使这些原料产生良好的感官性状，如形状饱满、色泽鲜艳等。

在动物性原料（如鸡、猪、牛、鳝鱼、甲鱼等）的饲养过程中或屠宰前夕使用激素，不仅可以大大缩短生长周期，调节肉品的肥瘦比例、成熟时间、肉品产量，而且还可以缩短这些原料在烹调中的成熟时间，曾经有人做过烹调试验，没有使用激素饲料喂养的猪肉需要2.5~3h才能达到酥烂的效果，而使用激素饲料喂养的猪肉只需要0.5~1h就可以达到同样的效果。

动物激素是动物腺体细胞和非腺体组织细胞所分泌的一种物质，是建立在组织与组织、器官与器官之间的化学联系，通过调节各种化学反应的速率、方向以及相互关系，从而使机体保持生理上的平衡。不同的肌体具有不同的平衡，当这种平衡一旦被破坏，将扰乱机体的正常代谢及生理功能，肌体就会产生疾病，如肾、甲状腺、脑垂体、胰腺、神经系统、消化系统、生殖系统和心血管方面的疾病，针对这种情况，往往需要通过医疗和食疗来补充或抑制某些激素的作用。

尽管激素具有很多优点，但是还应该强调机体中的正常比例为宜，若过多地食用含有激素或有激素残留的食物，也容易带来很多弊端，如营养价值下降、口味以及质感指标下降，而且在烹调加工时激素也不易被破坏，摄入体内也不能全部排泄掉，会在体内存在残留，严重的还会带来第二性征削弱乃至消失，还可能会导致癌症。因此，我们在选择烹饪原料的时候，一定要注意识别和选购绿色食品和有机食品，否则不仅会影响菜肴的品质，而且还会对人体健康造成威胁。

本 章 小 结

本章主要介绍了酶和激素在烹饪中的应用。酶是特殊的生物催化剂，有其自身特有的催化特性及作用机理。其活性受到多种因素的影响，如温度、pH值等。在烹饪过程中应该利用这些影响因素达到改善食品风味、质构的目的。还介绍了淀粉酶可以改善面粉的烘焙性能，蛋白酶可提高肉的嫩度和风味，脂肪酶与食品酸败的关系等。激素包括动物激素和植物激素，各种激素的作用是相互平衡的。

思考题

1. 简述酶作为生物催化剂的主要特征。
2. 为什么说酶的化学本质是蛋白质？
3. 试述 α-淀粉酶与 β-淀粉酶的作用特点。
4. 举例说明酶的利用和控制在烹饪中的应用。
5. 试述乙烯作为植物激素的主要作用。

第九章　烹饪中的味

【学习目标】
1. 了解味和风味的概念。
2. 了解味觉的形成以及味觉的种类。
3. 掌握味觉的影响因素以及各种味觉之间的相互影响。
4. 了解和掌握各种味觉的相关原料。
5. 了解嗅觉和嗅觉的种类。
6. 掌握嗅觉的影响因素。
7. 了解各种香味及香味原料。

近代食品科学家把食物的功能分为三类，即营养功能、风味功能和保健功能。其中营养功能是指为人类提供生存的物质基础，是食物最基本的功能；风味功能是指食物应该具有的良好风味，能够刺激人们的食欲，提高人体对食物的利用率，为营养功能提供保障；保健功能又称医疗功能，主要指人们对于某种营养素缺乏症的防治以及食物中含有的某些微量元素对某种疾病的治疗。在这里，我们主要讨论风味功能里面的一些化学问题。

第一节　味和风味

一、味
一般指食物的气味和口味，对人体而言就是用感觉器官来识别味的一种化学反应。凡是有气味的物质在空气中挥发或者被溶解，通过某种特定的途径刺激人的感觉神经末梢，经过大脑味觉中枢综合判断以后，就会使人嗅到某种气味或尝到某种口味。

二、风味
"风味"一词，在西方国家常用 flavour 来表示，意指挥发性物质，而这些挥发性物质多指香味物质，一方面是通过嗅觉器官闻到的，一方面是通过味觉器官尝到的；在汉语中寓意广泛，泛指一切事物的风格特色，是指食物入口前后对人体的视觉、味觉、嗅觉和触觉等器官的刺激，形成人们对某种食物的综合印象，无论中国的食品还是中国烹饪都把"风味"视为核心体系。

因为食品风味包括饮食的文化、饮食习俗和环境对视觉、触觉、听觉的刺激而产生的综合感受过于复杂，而且非常抽象，故在本章中重点对味觉之味和嗅觉之味展开重点论述。

第二节　味觉之味

味觉之味也称"味道"、"口味"等，是人的味觉神经系统所能感知的"味道"或"滋味"，是食品的重要感官指标之一，也是中国烹饪的灵魂所在。

一、味觉器官

人之所以能感觉食品的滋味，据近代生理科学的研究结果，都是由于食品中可溶性的化学物质溶于唾液，刺激舌头表面或上颚的味蕾，再经过味蕾细胞顶端的味觉感受器把呈味物质的刺激形成信号传到大脑的味觉中枢，经过大脑的识别和综合判断而最终形成味觉的，由此可见，"味蕾"就是滋味的感觉器官。

味蕾大部分分布在舌头表面，少部分分布在软颚以及咽后壁的黏膜组织中，对呈味物质具有严格的空间专一性，根据试验的结果，舌面上不同部位的味蕾，对不同味道的敏感程度不同。一般说来，舌尖上面对甜味最敏感，舌尖和边缘对咸味最敏感，舌头两侧中部对酸味最敏感，舌根部对苦味最敏感，如图 9-1 所示，但这种分布也不是绝对的。

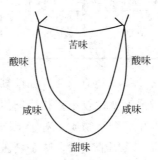

图 9-1　味蕾的分布

二、滋味的种类

味觉是指食物在人体口腔中，给予味觉器官的刺激感受，其前提是呈味物质必须溶解于水，才能对味觉器官形成刺激，这种刺激有时是单一的，但在大多数情况下是复合的。

（一）单一味

单一味是指味觉器官在呈味物质的刺激下所感受到的一种独立的滋味，主要包括酸、甜、苦、辣、咸、鲜、涩、碱、凉、麻、金属味共 11 种。其中酸、甜、苦、咸、鲜 5 种单一味是味蕾所能感受到的，称之为基本味感。

辣味和涩味的产生不是依靠舌头细胞感受到的，而是神经末梢受到刺激产生的，比如涩味实际上是舌头的黏膜感受刺激而发生收敛作用而产生的，辣味实际上并不是味感，而是口腔黏膜或鼻腔黏膜接受呈辣物质的刺激以后产生的灼烫感觉。另外麻味是呈麻物质刺激舌头表面黏膜而引起的特殊感受，碱味是碱性物质水解后的氢氧根离子对口腔黏膜的刺激而引起的特殊感受。

在单一味中，酸味、甜味、苦味、辣味、咸味、鲜味、凉味、麻味等味感在形成刺激后一般具有令人愉快的感觉，故称之为良好味感；涩味、碱味、金属味形成刺激以后一般具有令人不愉快的感觉，故称之为不良味感。

（二）复合味

复合味是指多种呈味物质刺激味觉器官以后所产生的一种综合感受，这种刺激有时是同时产生的，有时也是相继产生的，比如咸鲜味、咸甜味、咸辣味、酸甜味、酸辣味、麻辣味、鱼香味、家常味、怪味等。倘若仔细分析一下，不难发现其中的规律，即任何一种复合味感均由上述单一味进行综合作用而成，这就是行业中经常说的"五味调百味"。

在复合味中也存在令人愉快的味感和令人不愉快的味感，倘若我们在具体烹饪中能够充分地发挥各种调味品的优势，使本身淡而无味的原料赋予良好的味感，使本身就具有的良好味感更加突出，使本身具有的不良味感得到有效的抑制，使菜品真正实现五味调和、淡而不薄、浓而不烈，百菜百味、一菜一格的境界。

三、呈味阈值

在通常情况下，人们用"呈味阈值"来衡量对味的敏感程度，所谓"呈味阈值"就是指人们能够品尝出味道的呈味物质水溶液的最低浓度，针对不同的人其适用性也各不相同，这里只是取其通常的阈值加权数来加以说明，其单位一般使用物质的量浓度（mol/L）来表示。几种不同物质的呈味阈值参见表9-1。

表 9-1　几种不同物质的呈味阈值

物质名称	味型	呈味阈值/(mol/L)	物质名称	味型	呈味阈值/(mol/L)
蔗糖	甜味	0.03	盐酸	酸味	0.009
味精	鲜味	0.03	硫酸奎宁	苦味	0.00008
食盐	咸味	0.01			

从上述概念和数据不难分析出：呈味阈值越大，如蔗糖和味精，能够形成味觉刺激的浓度越大，说明其在单位浓度下刺激强度就比较小；相反阈值越低，说明单位浓度下物质刺激强度就越大，其敏感度越高，如苦味的奎宁物质。对于不同的物质，其阈值越小，说明其味感刺激越强，对于同一种物质而言，其阈值越大，味感刺激强度越强。

现代科学实验证明，从味觉感受器接受呈味物质的刺激到开始尝到味道仅需要 1.5～4ms，其中咸味的味感最快，苦味的味感最慢，因此，在通常情况下，人们最先尝到咸味，最后才尝到苦味，但是需要指出的是，虽然苦味的刺激时间比较长，但人们对苦味物质的敏感性往往比对甜味、咸味物质的敏感性都强。

四、影响味觉的因素

味觉是呈味物质的溶液对人体味觉器官进行作用而形成的一种综合感受，因此，呈味物质的理化因素、人的综合因素以及味与味之间的相互作用等因素都可能对味觉造成不同程度的影响。

（一）溶解性

这里讲的溶解性专指呈味物质在水中的溶解性，呈味物质首先必须具有水溶性，溶解在水中才能对味觉器官形成有效的刺激，不溶性的物质对味觉器官不能形成刺激，因此不能产生味觉，有些物质虽然在水中具有一定的溶解性，但是其溶解度远远小于呈味阈值，这类物质也不能产生味觉。

呈味物质必须具备适度的溶解性，其分子才能被水溶液运输至味细胞内，进而对味觉神经形成刺激。大家都知道，人体的唾液本身就是水溶液，其水分高达 99.4％，是入口食物的天然溶剂，倘若把唾液擦干，即使向口中放糖也感觉不到一点甜味。

唾液的分泌量与其成分受不同类物质的刺激会发生相应的变化，比如入口的食物较干，单位时间内分泌的唾液量就比较多，入口食物较湿润，那么单位时间内分泌的唾液量就比较少；受蛋黄刺激以后产生的唾液比较浓稠而且含酶量高；受醋酸刺激以后产生的唾液比较稀而且含酶量明显偏低。唾液中的其他成分对味觉的产生也存在不同程度的影响，在此不作一一探讨。呈味物质入口以后首先在舌头表面进行溶解或进一步溶解然后才能产生味觉，其溶解速度越快，刺激产生味觉的速度也越快，因此说呈味物质的溶解性是产生味觉的决定性因素。

（二）温度

每一种呈味物质的溶液对味感细胞的作用与其温度也存在一定的关系，因此说温度也是影响味觉的因素之一。有人做过这样的实验：把浓度均为10％的蔗糖溶液和果糖溶液在不同温度下对味觉进行刺激，形成的味感明显不同，当温度低于50℃时，果糖比较甜；当温度等于50℃时，蔗糖和果糖一样甜；当温度高于50℃时，蔗糖比果糖甜。由此看出：糖的相对甜度随着温度的变化而变化，其中蔗糖的甜度随着温度的升高而升高，果糖的甜度随着温度的升高而下降，这主要因为在较高的温度下，果糖产生了一些不同的异构体。

在一般情况下，温度越高，分子运动越快，对味感细胞的刺激也越强烈，但是这种温度是有范围的，并不是一成不变的，根据实验测得：最佳的味觉温度一般在10～40℃，特别在30℃时温度对味觉最敏感，具体参见表9-2。

表9-2　不同温度下的呈味阈值变化

呈味物质	味型	0℃呈味阈值/(mol/L)	25℃呈味阈值/(mol/L)
蔗糖	甜味	0.8	0.5
食盐	咸味	0.25	0.08
味精	鲜味	0.11	0.03
柠檬酸	酸味	0.003	0.0025
奎宁物质	苦味	0.0003	0.0001

另外，针对不同的味觉在不同的温度范围内呈味强度也存在差异，比如在50℃范围内，甜味和辣味随着温度的升高而表现出增强的现象，咸味和苦味则表现出减弱的现象，当温度高于50℃时，甜味又表现得相对迟钝，而辣味则更加突出。

（三）化学结构

烹饪原料的味感与其特定的化学结构也存在一定的关系，虽然这方面情况比较复杂，目前还没有完全研究清楚，但是不同类型的化学物质与其味感之间一般存在如表9-3所示的关系。

表9-3　化学物质与味感的关系

化学物质名称	味感	备　注
酸	酸味	
碱	涩味	
盐	咸味	盐类随着分子量的增大，其咸味降低、苦味增强
糖	甜味	
金属及生物碱	苦味	
草酸	涩味	

即使是同一种烹饪原料，同一种味感，倘若其化学结构不同，也会表现出不同的味感差异，如 α-型葡萄糖比 β-型葡萄糖甜味强，β-型果糖比 α-型果糖甜味强。有时同一类化学物质因其品种的不同，其味感差异也比较大，比如盐酸、醋酸、乳酸、甲酸、草酸等同样都是酸，在相同的pH下，以柠檬酸的味感作为标准的话，其酸味的大小顺序为：醋酸＞甲酸＞乳酸＞草酸＞盐酸，其中醋酸的酸味最强，盐酸的酸味最弱。

（四）人的综合因素

我国人口众多、幅员辽阔，人们由于生活环境的不同、饮食习惯的差异很大，不同的人对滋味的识别也存在很大差异。例如，四川、湖南、湖北、江西等地对辣味比较偏好；广东、福建等南方地区倾向清淡口味，苏南一些城市大都喜欢甜味，少数民族的情况更加复杂，有时候对于同一个菜肴，在不同的人体之间也存在差异性；有时候对于同一个人在不同时间内差异性也存在，比如受身体状况、情绪、饥饿状况、环境等因素的影响经常会发生这样的差异性，这种现象主要是因为呈味物质对味蕾细胞的刺激，使味蕾产生相应的疲劳和适应现象而导致的。

另外人的实际年龄对味觉的影响也很重要，老年人和年轻人相比，由于其生长的时代和环境的不同，摄取的食物不同，其口味的嗜好也不尽相同，根据日本小川教授对各种年龄层次的人群进行调查的情况不难发现这一点。他们从幼儿、小学生、初中生、高中生、大学生和老年人的人群中分别抽取 20 个人作为研究对象，以白砂糖作为甜味物质，食盐作为咸味物质，柠檬酸作为酸味物质，盐酸奎宁作为苦味物质，谷氨酸钠作为鲜味物质对不同人群进行测试发现：孩子对糖的敏感度是成人的两倍，幼儿喜欢高甜度，中学生喜欢低甜度，老年人比幼儿更喜欢高浓度的甜味，对酸味也有相同的味感倾向性。

根据食品科学家研究发现，人对甜味、苦味、咸味、酸味的敏感程度一般随着年龄的增长而逐渐衰退，其中对酸味的衰退不明显，甜味衰退一般，苦味衰退 1/3，咸味衰退 1/4，这主要是因为成人舌头表面的味蕾细胞随着年龄的增长呈逐渐减少的趋势，唾液的分泌量也逐渐地减少，因而味觉能力也相应地呈下降趋势。

（五）各种味觉之间的相互影响

在菜肴和点心的制作中，通常是许多呈味物质成分所产生的复杂味觉现象，在这种复杂的味觉现象中往往是因为各种呈味物质之间相互作用、相互影响的结果，通过一系列的实验得知，这些相互作用归纳起来大概有如下几种模式。

1. 味的对比现象

当两种或两种以上的呈味物质在口腔中同时或相继产生刺激时，其中一种呈味物质的味觉更加突出，而另一种呈味物质的味觉被掩盖或不被感知，这种现象被称之为味的对比现象。例如在 10% 的蔗糖溶液中加入 0.15% 的食盐，会感觉食盐的咸味并不突出，而蔗糖溶液的甜味比原来要强得多。再比如在 15% 的砂糖溶液中添加 0.001% 的盐酸奎宁，也可以使甜味更加突出；如果在舌的一边舔上低浓度的食盐溶液，在舌的另一边舔上极淡的砂糖溶液，即使砂糖的甜味在呈味阈值以下也会感到甜味。味的对比现象并不只是人脑意识的次序决定的，而是与味细胞的现象有关。当舌头上相继遇到两种味物质的刺激时，味觉神经纤维的活动是由先给呈味物质的刺激引起的。

利用味的对比现象，可运用极少的物质达到极好的效果，烹饪技巧中的"要想甜，加点盐"就是这个道理，不仅使甜味充分突出，而且还使甜味更加爽口，不腻人。

2. 变味现象

先摄取一种食物的味道，再摄取另一种食物的味道，前者对后一种味道产生质的影响，使后者改变了原有所给予人的味觉，这种现象被称为变味现象。

变味现象在烹饪中经常见到，情况也比较复杂，大体有如下十几种。

① 先喝盐水以后，再来喝清水，会使人感到清水有微甜味。

② 先吃甜味菜肴以后，接着饮酒，会使人感到酒似乎有点苦味。

③ 先吃墨鱼干以后再吃蜜柑会感到蜜柑有点苦味。

④ 在具有咸味的溶液中添加微量的食醋，可使咸味增强，比如在 1.2% 的食盐溶液中加入 0.01% 的食醋，在 10%～20% 的食盐溶液中加入 0.1% 的食醋均可使咸味的味感增强。当咸味溶液中加入过量的食醋，则又使咸味减弱。如在 1%～2% 的食盐溶液中加入 0.05%

的食醋（pH 控制在 3.4 以下），或者在 10%～20%的食盐溶液中加入醋酸量在 0.3%以下（pH 控制在 3.0 以下）时，均可使咸味有所减弱。任何浓度的醋酸加入少量的食盐后则酸味增强，加入大量的食盐后则酸味减弱。

⑤ 在咸味溶液中加入苦味物质可导致咸味减弱。如在食盐溶液中加入适量的咖啡因会使咸味降低。在苦味溶液中加入咸味物质会使苦味减弱，如 0.05%的咖啡因溶液加入食盐，随着食盐量的增加，苦味逐渐减弱，当加入的食盐量超过 2%时，则苦味增强。

⑥ 在咸味溶液中加入适量的味精以后，可使咸味变得柔和。在味精溶液中加入适量的食盐，又可使鲜味突出，这时的食盐实际上起着一种助鲜剂的作用。

⑦ 在甜味溶液中加入少量的食盐，可突出甜味。在咸味溶液中加入适量的糖，又可减缓咸味。

⑧ 混合糖有相互增甜的作用。蔗糖与转化糖的混合液比单纯的转化糖甜。5%葡萄糖的甜度约等于蔗糖的一半，但若配成 5%葡萄糖和 10%蔗糖的混合溶液时，其甜度等于 15%的蔗糖液。

⑨ 甜味与酸味之间具有相互抑制的作用，不论是蔗糖还是食醋，添加量愈大，甜味和酸味之间的抑制作用愈明显。在 0.1%醋酸溶液中添加 5%～10%的蔗糖溶液，所形成的酸甜味较为适口。

⑩ 甜味与苦味之间也具有相互抑制的作用，苦味对甜味的影响更显著一些。另外，少量蔗糖的甜味可改善鲜味的质量，获得一种鲜浓的美味。味精的鲜味可缓解糖精的后苦。酸味对鲜味有明显的抑制作用。苦味可使酸味更加明显。

显然，上述这些变味现象都不是呈味物质本身所具有的变化，而是多种呈味物质同时或相继存在对人的味觉感受器刺激以后产生的一种味感变化。在安排宴席上菜的先后顺序时应充分注意此现象，一般应该先上清淡的菜肴，后上味重的菜肴，甜食放在最后，宴席过程中应间歇性上茶，以清洗口腔中的余味，为品尝下一道菜肴作好铺垫。

3. 增强现象

将两种具有相同味感的呈味物质并用，使其味感效果大大超过两者分别使用时的效果之和，这种现象被称为味的增强现象。例如，谷氨酸和肌苷酸的增强效界十分明显，如果在 1%的食盐溶液中添加 0.02%的谷氨酸钠，结果只有咸味，没有鲜味；如果在 1%的食盐中添加 0.02%的肌苷酸钠，结果也只有咸味，没有鲜味；如果将这两种溶液混合，则能产生强烈的鲜味。再如甜味剂甘草，本身的甜度为蔗糖的 50 倍，但与蔗糖共同使用时，其甜度是蔗糖的 100 倍。利用呈味物质味的增强效果，可以加工出新型的复合调味品，达到用量少而效果佳的目的。

4. 拮抗现象

当两种呈味物质以适当的浓度混合后，因一种呈味物质的存在，而使另一种呈味物质的呈味能力明显减弱的现象称为味的拮抗现象，也称为味的抑制现象。如食醋与食糖一起使用时，一般来说当糖醋比小的时候，甜味能缓和酸味；当糖醋比较大的时候，醋能缓和甜味；糖醋比在 29～40 时，互相影响不大。

酱油中含有 16%～18%的食盐和 0.8%～1%的谷氨酸。3%的盐溶液给人以咸味，在同等用盐的鱼汤中，则咸度明显减弱，这是由于有谷氨酸的存在。

乌龙豆腐这道菜肴在制作时，也是利用茶叶的微苦味和豆腐的豆腥味发生拮抗作用，使菜肴的微苦和豆腐的豆腥味相抵，制作成为一道口味和谐的名菜。

在糖精溶液中添加少量的谷氨酸钠会有效地减弱其苦味。在橘子汁中添加少量的柠檬酸，会感觉甜味减弱，再加砂糖，则酸味明显减弱。在菜肴的调味中，经常采取用谷氨酸钠来缓和过咸或过酸的手段来取得菜肴口味的平和效果。

五、味觉及相关原料

（一）咸味及咸味原料

咸味是基本味之一，在烹饪调味应用中十分广泛，绝大部分菜肴在制作时都离不开盐，俗话说："盐乃百味之主"、"无咸不成菜"说的就是这个道理；有人也把厨师对盐使用的是否得当看成是对其水平的评价标准，"好厨一把盐"说的正是这个道理。

咸味是一些中性盐类化合物所显示的滋味，其中只有氯化钠的滋味最为纯正，其他盐在显示咸味的同时都伴有不同程度的副味，有的还对人体有害，因此烹饪中把氯化钠叫做食盐。根据沙氏理论推演，盐类物质在溶液中离解以后，咸味的形成主要取决于咸味物质的阴离子，阳离子只起增强和辅助作用。这种说法可以从许多中性盐的水溶液都有咸味，但咸味之外尚有副味得到印证。NaCl 电离以后产生的 Cl^- 呈强咸味，而 Na^+ 有微苦味，其咸味随阴、阳离子或两者的相对分子质量的增加有越来越苦的趋势，盐的呈味特征参见表9-4。

表 9-4　盐的呈味特征一览表

呈味离子	盐的种类	味型	备注
Na^+、K^+、NH_4^+ 具有弱苦味 Ca^{2+} 具有令人讨厌的苦涩味 Mg^{2+} 则有强苦味 SO_4^{2-} 和 NO_3^- 呈咸苦味	NaCl、KCl、NH_4Cl、NaBr、$BaBr_2$、NaI、Na_2CO_3、KNO_3	咸味	对于肾病患者来说，可以用 KCl 代替 NaCl 作为咸味剂，而 $CaCl_2$ 或 $MgCl_2$ 因其苦味太浓则不可代替；同样道理，更不可以用硫酸盐或硝酸盐代替
	KBr、NH_4I	咸苦味	
	$MgCl_2$、$MgSO_4$、KI	苦味	
	$CaCl_2$、$CaCO_3$	令人讨厌的苦味	

氯化钠俗名食盐，是人们日常使用的主要咸味调味料，分子式为 NaCl，其咸味是 NaCl 电离出来的氯离子（Cl^-）和钠离子（Na^+）共同作用于人的味蕾所产生的。有时食盐的味感微苦，粗盐的苦味更加突出，这主要是因为其中含有氯化钾、氯化镁、硫酸镁等其他盐类所致。

烹饪解读

食盐的种类主要有池盐、井盐、岩盐等，因其产地、制作原料和杂质含量的不同，食盐具有不同的品名和品级，其基本成分都是氯化钠，现在作为食用盐，国家有严格的专卖制度，以防止出现危害健康的行为。

古今中外均以 NaCl 作为唯一的咸味剂，是人类历史上使用的第一种化学调味剂，也是人类生存不可或缺的重要营养素。

食盐的水溶液当浓度在 0.02～0.03mol/L 以下时有甜味，当浓度在 0.05mol/L 以上时呈现咸苦味或纯咸味。一般说来，浓度在 0.8%～1.2% 的食盐溶液是人类感到最适口的咸味浓度，过高或过低都会使人感到不适。

在众多的咸味物质中，唯有食盐是最合理的咸味调味剂，它不仅口味纯正，而且能够很好地维持生理平衡，特别是体液平衡，这是其他咸味调味剂所无法比拟的。

有些有机酸盐也有类似食盐的咸味，如苹果酸钠、葡萄糖酸钠等，这类咸味剂对于限制摄取食盐的病人来说可以用来代替使用。

烹饪中常用的咸味剂除了食盐以外，还有各种酱油、酱类、豆豉、腌泡菜等，其咸味都来自氯化钠。

（二）甜味及甜味原料

甜味是以蔗糖为代表的味感，在中国古籍上叫甘味，历来被视为美好的滋味，日本食品科学界说它是人类对美好食物所表现的愉快信号。甜味在烹饪中应用也非常广泛，很多菜肴在调味时都需要用甜味来调和，甜味既可以单独成味，如纯甜味；也可以与其他调味料混合成味，如香甜味、酸甜味、咸甜味等。

尽管人们早就对甜味产生好感，但始终没有人把甜味物质与其化学结构联系起来，直到20世纪70年代出现的沙氏理论才有了说明，该理论认为：甜味的产生是由于甜味分子上的氢键供体和受体与味觉感受器上相应的受体和供体形成氢键结合，呈甜味物质分子内的氢键供体和受体之间的距离在30nm左右。以果糖为例，可表示如下：

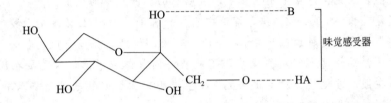

后来我国化学家曾广植在此基础上，又提出了他的味觉板块假说：即味信息的转译取决于不同受体板块所发出的低频声波振动的频率范围，从而产生各种不同"色彩"的酸甜苦咸味感，但他的假说还没有通过实验来确证。

甜味剂的种类很多，有天然的，也有人工合成的。天然的甜味剂又包括糖及其衍生物糖醇，如蔗糖、葡萄糖、果糖、乳糖、棉籽糖、甘露糖、麦芽糖、山梨糖醇、麦芽糖醇等，也包括非糖天然甜味剂，如甘草苷、甜叶菊苷、二肽、氨基酸衍生物等；我国允许使用的合成甜味素主要是指糖精钠。

甜味的强弱程度称之为甜度，烹饪中常用甜度来作为甜味料的评价标准。通常情况下以5%或10%的蔗糖溶液在20℃时的甜度为100，把其他甜味料在同样条件下通过感知测得的甜度与蔗糖的甜度的比值作为其相对甜度。如蔗糖为100，麦芽糖为60，葡萄糖为70，甘露醇为69～71，甘草苷为250，甜叶菊苷为300。

烹饪解读

在烹饪中，不论是有甜味的天然食物还是经过调制加工得到的菜肴和点心，往往都是由各种甜味物质混合而成或调制而成的，在加工过程中还经常加有其他物质，如香味物质、增稠物质等。例如烤乳猪用的糖浆主要由果糖、饴糖、蜂蜜、麻油、淀粉、香精等物质调制而成的。

甜味剂种类很多，对其甜度的判别因影响因素的复杂性而变得相当困难，比如浓度、温度、结晶颗粒的大小、不同品种、其他物质的存在等都是重要的影响因素。但不管怎么影响，就常人的味觉而言，一般10%蔗糖浓度给人以快适感，20%浓度则成为不易消散的甜感。

蔗糖是市售甜味剂的主要品种，因结晶的粗细和杂质含量又可分为白砂糖、绵白糖、冰糖、赤砂糖、红糖、黄糖等。蔗糖也是用量最大的甜味剂，经人体消化吸收后能产生大量的热能。

麦芽糖是淀粉在淀粉酶作用下水解的中间产物，其甜度仅为蔗糖的 1/3，通常用作调味品的麦芽糖制品称为饴糖，是糊精和麦芽糖的混合物，其中糊精占 2/3，麦芽糖占 1/3，在焦糖化反应中，饴糖的产色产香和起脆效果特别好，比如在名菜"北京烤鸭"的制作中就经常使用饴糖作为调料。

蜂蜜是各种花蜜在甲酸的作用下转变而来的转化糖，即花蜜中的蔗糖转化为葡萄糖和果糖（比例接近 1：1），是一种淡黄色半透明的黏稠浆状物。低温度时，有部分结晶呈浊白色，溶于水和乙醇，略带酸味，其成分有葡萄糖、果糖、蔗糖、糊精、水分、含氮化合物、蜡、甲酸和铁、磷、钙等矿物质。在烹调中是一种良好的甜味剂，常用于糕点和风味菜肴的制作，虽然其甜度很好，营养价值也很好，用蜂蜜制作的糕点质地柔软，不易龟裂，但它具有较大的吸湿性，因此在酥点中不宜多用，否则制品容易吸湿而失酥。

糖精甜度是蔗糖的 500～700 倍，溶液中只要含有 10^{-6} mol/L 浓度的糖精，人们立刻就能感到甜味，但是当浓度超过 0.5％时，会产生苦味，加热煮沸也会产生苦味，所以在使用糖精作甜味剂时，要注意不能用得太多，不能长时间加热或煮沸，也不要在酸性食品中使用，因为糖精在酸的催化下易发生化学反应，生成苦味物质（邻氨基磺酰苯甲酸）。这些味感变化是由下列反应所引起的：

糖精（苦味）　　　　　（强甜味）

邻氨基磺酰苯甲酸（苦味）

糖精没有任何营养价值，主要用于糕点、糖果、调味酱等食物中，以取代部分蔗糖，对嗜好甜食的糖尿病患者非常适用，但在主食（如馒头）、婴幼儿和病员食品中不准使用；在街头炸炒的食品（如爆米花、蚕豆等）中添加糖精的做法是不妥当的；我国规定的最大用量为 0.15g/kg 食物，在食入体内后 16～48h 全部排出体外，且化学结构无变化。

（三）酸味及酸味原料

酸味是烹饪中的基本味之一，中西方理念相似，酸味一般不能独立成味，但这种味又非常独特，具有调节体液、醒酒提神之功效，往往和其他滋味混合使用，从化学的角度看，酸味是氢离子所表现出来的化学反应，酸性物质的稀溶液在口腔中，与舌头黏膜接触时，溶液中的 H^+ 刺激黏膜，从而导致酸的感觉，所以，凡是在溶液中能离解产生 H^+ 的化合物都能引起酸感。

酸的强弱和酸味强度之间并不成比例关系，酸味强度主要与舌黏膜的生理状态有很大的关系。舌黏膜对有机酸的阴离子比对无机酸的阴离子更容易吸附，所以，醋酸比盐酸具有更强的酸味感。酸味强度还与舌黏膜的适应性有密切关系，正常情况下酸性物质溶解于唾液时产生氢离子，引起酸感，但大多数食物的 pH 为 5～6.5，人的唾液 pH 为 6.7～6.9，可见两者 pH 很相近，因此，食物虽然有酸味，人们也不易感觉到，这主要是因为舌黏膜对这种酸味已经适应，形成的酸味感相对滞后而造成的。只有当 pH 低于 5 时，人才会感觉到酸味；当 pH 低于 3.0 时，就会感到强烈的酸味，并且这种酸味感难以使人适口。另外酸味强度还与酸根的种类、结构有关，与环境中是否存在糖、醇等物质也有一定的关系。

酸味的呈味阈值比甜味和咸味都要低，一般都在 0.001mol/L 以下，这说明很多酸味物质在极低浓度时就能使人感到酸味，浓度过高反而使人产生不快感。酸味感是动物进化过程中最早的一种化学感受，当神经末梢遇到 H^+ 时将感到疼痛，疼痛的强度与酸的强度有直接联系。但人类早已适应了酸味食物，人们喜食的水果、某些蔬菜当中都含有一定种类的酸，如苹果酸、柠檬酸、鞣酸、琥珀酸等。

酸味料是烹饪中常用的调料之一，有时也可以作为烹调原料，它们一般都具有防腐作用。常用的酸味调味料有食醋、番茄沙司、泡菜汁、酸梅汁、青苹果汁、乳酸、柠檬酸、酒石酸等。其中食醋的种类较多，有香醋、老陈醋、米醋、大红浙醋等，其主要成分都是醋酸。乳酸是泡菜、酸菜、酸奶的主要酸味成分，发酵面团的酸味也主要来源于乳酸。柠檬酸和酒石酸一般在制作糕点时使用。

多数有机酸具有爽快的酸味，而多数无机酸一般具有不愉快的苦涩味，极不适口，所以，人们通常都选用有机酸作为酸味剂。有机酸在溶液中的离解速率一般都比较慢，所以有机酸在口腔中能够持续地产生 H^+，使酸味维持相对长久。

烹饪解读

中国古代早有"若作和羹，惟尔盐梅"的诗句，说明酸味在烹饪中早有使用，在烹调过程中经常和其他味型组合使用，比如酸甜味、酸辣味、鱼香味、怪味等，酸味剂不仅具有调节口味、刺激食欲、调节胃酸、帮助消化的作用，还可以使菜肴增香，兼具醒酒和防腐防霉的功效。

在烹饪过程中经常使用乙醇或糖来缓冲或减弱酸味的刺激，甜味和酸味的组合是构成水果和饮料风味的重要因素，也是调制糖醋味型的良好调味组合，比如糖醋排骨、糖醋黄河鲤等菜肴在制作中就是利用甜味和酸味的组合。

食醋是烹调过程中最常用的酸味剂之一，市售的调味食醋 90％ 以上都是水分，醋酸含量仅有 3％～5％，另外还有乳酸、琥珀酸、多种氨基酸、醇类、酯类和糖分等，有的在发酵和调制过程中还加入适量的糖色作为调色料。在烹调过程中添加食醋可以增加菜肴香味，除去不良气味；能有效地减少维生素 C 的损失；促进人体对原料中钙、磷、铁等无机物的消化吸收；刺激食欲；还可以防止果蔬的褐变和防腐。

乳酸，其学名为 α-羟基丙酸，结构式为

$$H_3C-CH-COOH$$
$$|$$
$$OH$$

乳酸在泡菜、酸菜、酸奶的制作中使用较多，也常作为酸味剂应用于醋、辣酱油和酱菜的制作中。乳酸是乳酸菌在新陈代谢过程中产生的，由于乳酸菌体内缺少分解蛋白质的酶，不能破坏植物组织细胞内的原生质，而只能利用蔬菜液中的糖分和氨基酸等进行营养繁殖，并具有可口的酸感。同样的道理，可以使牛奶中的蛋白质不被破坏而为牛奶增加特殊的酸味，同时由于乳酸的积累，使溶液的 pH 值降至 4.0 以下，便可起到抑制丁酸菌等杂菌生长的作用，不仅避免了不良气味的产生，而且还使产品的保质期延长。

苹果酸，其学名为 α-羟基丁二酸，结构式为

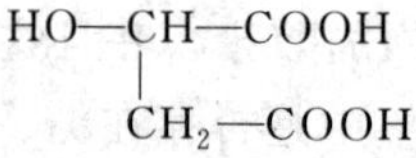

$$HO-CH-COOH$$
$$CH_2-COOH$$

苹果酸在所有的植物果实中均存在，白色晶体，易溶于水，吸湿性强，无臭，略带刺激性的爽快酸味和苦涩味。在烹饪行业中多在制作点心、果冻、饮料等食品时作为酸味剂，如"果泥月饼"。

柠檬酸，其学名为 3-羟基-3-羧基戊二酸，结构式为

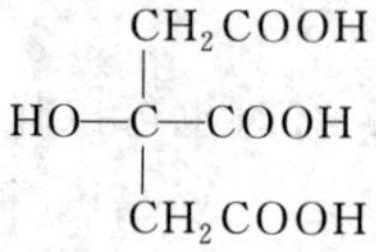

$$CH_2COOH$$
$$HO-C-COOH$$
$$CH_2COOH$$

柠檬酸广泛存在于果蔬中，无色透明的晶体，易溶于水和乙醇，酸味柔和优雅。在拔丝类菜肴以及水果类甜菜的制作中，加入少量的柠檬酸、会使菜肴的酸味爽快可口。

葡萄糖酸，是葡萄糖分子中的醛基被氧化成羧基的产物，其水溶液在 40℃ 的真空中浓缩可得到葡萄糖酸内酯。葡萄糖酸及葡萄糖酸内酯在水溶液中有如下反应：

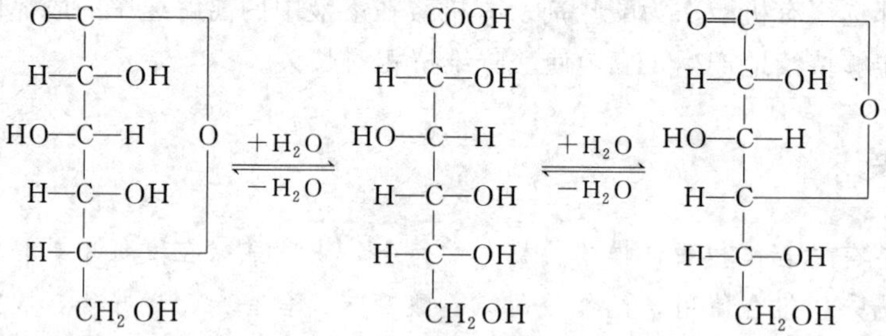

葡萄糖酸-δ-内酯 葡萄糖酸 葡萄糖酸-γ-内酯

葡萄糖酸是无色至淡黄色浆状液体，易溶于水，微溶于乙醇，不溶于其他溶剂，现在普遍食用的内酯豆腐就是用葡萄糖酸内酯作凝固剂制成的。

（四）鲜味及鲜味原料

鲜味是以中国为代表的东方饮食中所追求的理想味型，日本学者力图把鲜味作为一种基本味，认为鲜味是氨基酸、肽、蛋白质和核苷酸的信息。因为目前在西方语言中找不到与鲜味完全对应的词，也没有发现鲜味在生理上的特征感受器，所以我们只能在口语中表达诸如鱼鲜、肉鲜、海鲜等概念，今天的化学理论告诉我们，呈现鲜味的成分主要有核苷酸、氨基酸、酰胺、肽、有机酸、有机碱等。

目前常见的呈鲜原料主要有：味精、鸡精、鸡粉、鹅精、动物性原料的肌肉（如畜肉、禽肉、鱼肉等）、虾、蟹、贝类、各种海产品、蔬菜、食用菌、酱油、蚝油等。

味精的主要成分是谷氨酸钠，是谷氨酸经适度中和后的产物，从其化学结构来看主要有两种，即 L-型谷氨酸钠和 D-型谷氨酸钠，其中 L-型谷氨酸钠具有强烈的肉鲜味，而它的同分异构体 D-型谷氨酸钠则没有鲜味。现代产量最大的商品味精就是 L-谷氨酸的一钠盐，其构型式为

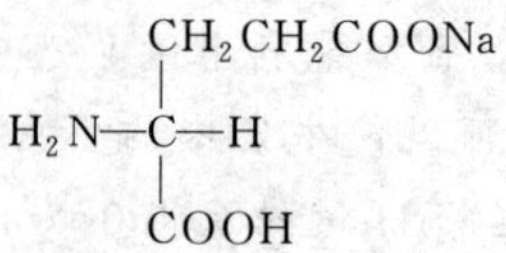

$$CH_2CH_2COONa$$
$$H_2N-C-H$$
$$COOH$$

L-谷氨酸钠

L-谷氨酸钠经过加工制成味精的谷氨酸钠一般具有酸味和鲜味，主要存在于植物蛋白中，尤其在麦类蛋白中含量较多，所以过去一直用面筋的酸性水解来制取谷氨酸，现代多用发酵法来制取。

核苷酸具有鲜味，可以用来做鲜味剂，这类鲜味剂主要有以下三种：

R＝H，5′-肌苷酸
R＝NH₂，5′-鸟苷酸
R＝OH，5′-黄苷酸

其中核苷酸中肌苷酸和鸟苷酸都具有强鲜味。动物性原料的肌肉（如畜肉、禽肉、鱼肉等），在成熟过程中，核苷酸降解产生肌苷酸，使这些肉类食品富有鲜味。植物性原料（如竹笋、莴苣、豆芽、蘑菇、香菇等）中富含鸟苷酸，使这些蔬菜和食用菌呈现特殊的鲜味。呈味的核苷酸在烹调中具有突出主味、倍增鲜味、改善风味、排除和抑制异味等作用。核苷酸与味精混合使用，两者以1∶1质量比混合，鲜味最强。

烹饪解读

在传统的中国烹饪中，增鲜的主要手段是利用"高汤"，并且因此发明了"吊汤"技术。利用各种动物性原料（如畜、禽或鱼的骨头等）经长时间熬煮得到的汤汁就是高汤；有的还使用整鸡、整鸭、火腿、蹄髈、鸽子等作为原料来炖制高汤；在斋食中，也有使用黄豆芽、莴苣、鲜竹笋、竹荪、蚕豆瓣、鲜蘑菇、香菇等素菜原料来熬制素高汤的。西式烹饪与中式烹饪虽然有很大差别，但是他们也特别讲究制汤技术，只不过他们多采用牛肉、羊肉、牛腿骨、洋葱、西芹、胡萝卜、橄榄菜等原料来熬制西式高汤。

常用的鲜味剂是——味精，易溶于水而不溶于酒精，纯品为无色结晶体，熔点为195℃，呈味阈值很低，常温下只有0.03mol/L，但是味精的鲜味只有在食盐存在时才能得以体现，并能对酸味和苦味具有一定的抑制，如果用纯的谷氨酸钠调味，不仅不能体现鲜味，还会带上令人不愉快的腥味，因此说食盐是味精的助味剂，如果没有食盐的存在就感觉不出鲜味。市售的味精一般除了谷氨酸钠成分以外，总会加入适量的食盐。

在正式烹调中，如果菜肴的pH控制不好，过大或过小影响味精的增鲜效果，其增鲜的最适pH在6～7。如果pH过小，由电离理论得知谷氨酸钠不易离解成阴离子，增鲜效果就比较差，其中在谷氨酸的等电点（pH3.2）时，增鲜效果最差；如果pH过大，在碱性条件下又容易生成谷氨酸二钠，根本不起增鲜作用。

另外，烹调温度也会影响谷氨酸钠的鲜味，当温度高于120℃时，其易分解而失去鲜味。因此用味精来增鲜要特别注意对温度的控制，其呈鲜的最适宜温度在95℃左右，按照正常的烹饪过程来说，就是在菜肴即将出锅的时候加入味精。另外，味精在使用过程中只需要溶解即可，而无需长时间加热。

（五）辣味及辣味原料

辣味在中国古籍上称之为辛味，近代食品科学认为辣味不是一种味觉，辣味物质在口腔中的刺激部位不在舌头的味蕾上．而在舌根上部的表皮上，产生一种灼痛的感觉；同时刺激鼻腔黏膜，产生一种刺激性的感觉；高浓度的辣味物质，在人体的其他部位的表皮上，也能产生同样的刺激作用；所以严格地讲，辣味不是一种味感，而是一种触感。

辣味可分为热辣味、麻辣味、辛辣味三类。热辣味也称火辣味，主要是由辣味物质对口腔黏膜刺激所引起的一种灼烫的感受，呈味物质在常温下对鼻腔没有明显的刺激作用，红辣椒中的辣椒素和胡椒中的胡椒碱都属于典型的热辣味。

麻辣味实际上是一种综合感觉，除呈味物质对口腔黏膜进行刺激而产生灼痛的感觉以外，同时还产生某种程度的麻痹感，将辣椒和花椒混合在一起使用即属于典型的麻辣味。

辛辣味的呈味物质多具有挥发性，不仅能对口腔黏膜具有刺激作用，而且在常温下对鼻孔嗅上皮也能产生刺激作用，综合产生一种冲鼻的刺激性辣味，生姜中的姜酮，葱、蒜中的硫化物和二硫化物等都具有辛辣味。

烹饪解读

烹饪中使用的辣味原料主要来自植物性原料，如辣椒、花椒、胡椒、葱、生姜、大蒜、芥末等，除此以外，还有人工配制的调料，如咖喱粉（主要由胡椒、姜黄、番椒、茴香、陈皮等粉末配制而成）。

在烹调中适当地使用辣味，能起到增香解腻、去腥抑臭、刺激食欲、促进消化液分泌的作用，同时还具有杀菌防腐和驱寒的作用。我国大部分地方在烧鱼时都要放一点辣椒；制作泡菜时也会放一点辣椒；当身体寒冷时会制作生姜茶或者酸辣汤来喝，其实就是这些道理。

我国不同的地方因为区域性风味的差异，对辣味的嗜好程度各不相同，四川菜特别注重麻辣味的使用，并把它作为一种独特的基本味型，除此以外，四川人还善于使用胡辣味、香辣味、酸辣味、鱼香味、家常味和怪味；另外在湖南菜、湖北菜、江西菜制作当中使用辣味也比较突出。

日常使用的辣味原料按照辣椒、胡椒、花椒、生姜、葱、蒜、芥末的次序，其辣味强度依次逐渐减弱，由热辣味逐渐转变为辛辣味，烹饪应用中可根据实际需要灵活选用或巧妙组合。

（六）苦味及苦味原料

苦味是一种令人不愉快的味感，凡是过于苦的食物，人们一般都有拒食的心理。但由于生活习惯的改变和心理作用的影响，尤其是对苦味功能性的认识以后，人们对某些带有苦味的食物，越来越产生一种偏爱的心理。

沙氏理论认为：苦味主要来自呈味物质分子内的疏水基受到了空间阻碍而形成的，即苦味物质分子内的氢供体和氢受体之间的距离在15nm以内，形成分子内氢键，使整个分子疏水性增强，这种疏水性恰恰又是合成苦味的必要条件。

具有苦味的物质主要有茶叶、咖啡、可可、啤酒、苦瓜、莲子、杏仁、银杏、陈皮等，这些物质在日常生活和烹饪中正在越来越多地得到应用。

苦味物质因品种不同，其苦味的化学成分也不完全相同。存在于咖啡、可可、茶叶等原料中的苦味成分是咖啡碱、茶碱等；存在于啤酒中的苦味物质是啤酒花，由田菊科植物的雌花经水蒸气蒸馏而得，属于多烯类化合物；存在于柑橘、桃、杏仁、李子、樱桃中的苦味物质是黄酮类、鼠李糖、葡萄糖等构成的糖苷；存在于胆汁中的苦味成分主要是胆酸、鹅胆酸及脱氧胆酸。

在烹饪中苦味一般并不单一使用，往往与甜味、酸味或其他调味品组合使用，经过调制加工而形成特殊风味，但由于个体的差异性，每个人对苦味的感知能力并不一样，在应用中应依人而定、因人施味。

由于苦杏仁苷被酶水解时，会产生毒性极强的氢氰酸，容易使人食物中毒，严重的可以致人昏迷，乃至死亡，所以杏仁不能生食，必须经过煮沸漂洗之后方可食用。

有些苦味原料（如陈皮），虽然其微弱的苦味经过加工、调制以后也可形成独特的风味，但在烹饪中并不普遍使用，即使使用，一般也并不是取其苦味，而是取其香。

胆汁是动物肝脏分泌并贮存于胆囊中的一种液体，其味极苦，所以一般动物宰杀时，都应极力避免破损胆囊而产生令人不愉快的苦味；少数动物（如河豚鱼）的胆汁有毒，切不可入食；甲鱼的胆汁虽然有苦味，但是它具有很强的去腥作用，所以一般甲鱼在宰杀以后要把胆汁涂抹在甲鱼身上；蛇胆虽然苦味比较弱，而且具有明目之功效，但在食用时也要注意卫生，野生的蛇胆内含有许多寄生虫的虫卵，因此一般需要用高度白酒浸泡消毒以后再食用。

在烹饪过程中也会由于加工不当而产生苦味，比如火候太大使原料焦煳而产生苦味；有的原料在加热过程中产生苦味氨基酸和苦味的低肽物质而使食物带有苦味；有的原料或调料本身就带有苦味，因烹调时没有调配得当也会产生令人不愉快的苦味，这些现象在烹饪中都应该避免。

（七）麻味及麻味原料

麻味本身也不是一种味感，而是呈味物质刺激口腔黏膜以后产生的一种痛感和麻痹感，麻味在烹饪中一般也不单独使用，往往与其他味型组合而产生独特的风味，而且还具有抑臭增香、驱寒去湿的功效。

烹饪中使用的麻味调味料主要是花椒，其中所含的花椒素主要存在于组织细胞内部，有的以结合态存在，在高油温下才能破坏分解而呈现麻味。

因为花椒具有抑臭增香的作用，因此烹饪中经常用它来腌渍腥臊异味比较强的物质，比如在猪腰的加工过程中经常需要加入花椒来腌渍或浸泡，能很好地去除猪腰的腥臊味。

烹饪调味过程中经常使用麻味和咸味、辣味、辛辣味等味型组合，产生具有令人愉快的新型味型，比如与食盐组合形成椒盐味；与辣味组合产生麻辣味；与咸味、辛辣味组合产生葱椒盐味等。

有时在烹饪中还把花椒作为一种香料来使用，比如在煮盐水虾时往往会加入少量的花椒，制作风鸡时也会使用它。

花椒虽然在高温下才能呈现麻味，但油温过高也会使花椒焦黑，出现苦味，因此在使用花椒时一定要控制好油温。

（八）涩味及涩味原料

涩味在烹饪行业和食品工业中，属于异味，并不是由于呈味物质作用于味蕾而产生的，而是由相关物质刺激、麻痹到触觉神经末梢所引起的，是一种令人不愉快的感觉。具体地说，是由呈味物质作用于口腔黏膜和舌黏膜，引起黏膜表面蛋白质凝固而产生的一种收敛性的感觉。

有机物中的单宁类物质和草酸（乙二酸）是涩味的主要来源，有时金属类（如铁等）、醛类、酚类物质也能造成涩味。烹饪原料中的涩味都出现在植物性原料中，如一些未成熟的水果（如柿子、苹果、香蕉等）、某些蔬菜（如菠菜、春笋等）和茶叶等常会有涩味。无机物中的明矾也是典型的涩味物质。

烹饪解读

在烹饪中，涩味属于典型的异味，对菜肴没有什么好处，只会败坏菜肴的风味，因此，在菜肴制作中都应想方设法将其除去。

除去涩味的有效手段是将原料放入水锅中焯水，根据原料和烹调的需要，有时需要采用冷水锅焯水，有时需要沸水锅焯水，有的在焯水以后还需要用冷水迅速冲凉。

涩味虽然属于不良味感，但对于有些品种来说还是有好处的，比如少量的单宁类物质可增添水果的风味，轻微的涩味物质使茶叶具有良好的味道。

（九）凉味及凉味原料

凉味原来也属于令人不愉快的味型，目前随着人们口味的变化以及对薄荷功效的认识加深，也越来越喜欢这种味型了。凉味的典型呈味物质是薄荷醇，在菜肴或食品中添加适量的薄荷汁液、薄荷油或薄荷醇，菜肴或食品会产生清凉的味感。

烹饪解读

薄荷的嫩叶既可以泡茶喝，也是一种良好的烹饪原料，薄荷味道比较清淡，在夏季使用比较适宜。

目前，在烹饪加工当中，经常把薄荷的凉味与甜味或者水果味组合使用，在凉菜、冷制饮品和点心中都有应用，是夏季的理想味型，具有清凉解暑、清心醒脑的作用。

（十）复合味

所谓复合味，是指两种或两种以上的基本味综合产生的味感，有些复合味是味觉效应和嗅觉效应的综合。所以复合味可以分为两种类型：一种是使用两种以上味觉之味的综合，这种模式依然是单纯的味觉效应，如酸甜味、咸甜味、酸辣味等；另一种则是味觉之味与嗅觉之味的综合，是一种复杂的味觉效应，如香辣味、糟香味、椒盐味、怪味等。

绝大多数复合味都是原料在烹调或加工过程中与调味料的综合作用，或者是两种以上调味料混合使用的结果。这类味型在烹饪中运用极其广泛，但是不同区域的人群对不同的复合味型具有不同的适应性，一般来讲呈现"南方偏甜、北方偏咸"的格局；就具体的人来说，其适应性又不一样，因此对于具体的菜点来说，很难有一个统一的评价标准，针对这方面情况，只能说是"物无定味，适口者珍"便是评价标准了，只要是人乐于接受的就是美好的滋味，就应该去探索和应用；只要是令人不愉快的就是不好的滋味，就应该大胆舍弃。真正要做到这一点其实是很难的，必须要做到对人、对物以及涉及饮食活动的综合因素的全面了解和掌握以后才能实现"因物而异，因人制宜"。

第三节 嗅 觉 之 味

嗅觉之味是指挥发性物质的气流刺激鼻腔内嗅觉器官而产生的综合感受，也是构成食品风味的重要因素，通常认为，令人喜爱的嗅觉之味称为香味；令人讨厌的嗅觉之味称为臭味。嗅觉之味是比味觉之味复杂得多而且又敏感得多的一种感觉现象。

一、嗅觉

嗅觉是指具有易挥发性的低分子量的物质分子（即刺激物、气味、有气味的物质）扩散到鼻孔以后，使嗅觉神经受到刺激而产生的一种感觉。

哺乳动物的鼻孔中有嗅上皮，嗅上皮由很多嗅小细胞组成，这些嗅小细胞主要有三种类型，即嗅细胞、支持细胞和基细胞，它们构成了嗅上皮三个层次。表层为黏膜层，呈连续分布，所有的气味分子都必须通过此层，才能与细胞要素相互作用；第二层为支持细胞，为嗅上皮提供了厚度，具有机械的功能、分离的功能和障碍的功能；第三层基细胞维持正常细胞更新及嗅上皮变成有活力的干细胞，提供特殊类型的黏多糖分泌物，作为覆盖在上皮表面的黏液层。

能够直接感觉到香味的是嗅小细胞中的嗅细胞。嗅细胞的表面为水样的分泌液所润湿，当挥发性物质分子吸附到嗅细胞表面以后，水样分泌液分子排列方向发生改变，而引起嗅细胞表面的部分电荷发生改变，产生电流，使神经末梢受到刺激而兴奋，传递到大脑的嗅区产生嗅觉，电子接受能力较强的物质有较强的嗅觉。

通常情况下把令人喜爱的嗅觉称为香气，把令人讨厌的称为臭气。相比较而言，嗅觉的产生比味觉的产生更为复杂，也更为敏感。

二、影响嗅觉的因素

1. 挥发性分子的种类

影响嗅觉的外界因素主要是挥发性呈味物质的种类，不同的物质具有不同的分子。绝大部分气味成分都是有机物，而无机物一般都是无气味的，在自然界中，只有 SO_2、NO_2、H_2S、NH_3 等无机化合物是具有较强电子接受能力的分子，对嗅觉具有强烈的刺激性。

一种物质是否有气味、有什么样的气味都与其分子中含有的原子或原子团有关系。呈现出香味的原子或原子团称为发香原子团，如羟基、苯基、羧基、硝基、亚硝基、醛基、醚、酰氨基、羰基、酯、异氰基、内酯等；呈现出臭味或恶臭味的原子或原子团称为发臭原子团，如由 P、As、Sb、S、F 等构成的原子团。

2. 相对分子质量

一般来讲，低相对分子质量的化合物的气味决定于发香原子团和发香原子，而高相对分子质量的化合物其气味往往取决于其分子的大小。

3. 嗅觉疲劳

当人体嗅觉长时间接受某种气味的刺激或者连续刺激一段时间以后，很容易产生疲劳感，从而造成对该种气味的味感敏锐度大大下降，有些教材上也把这种现象称为嗅觉适应现象。

常言道"入芝兰之室，久闻而不知其香；入鲍鱼之肆，久闻而不知其臭"，其实说的就是嗅觉的适应性、迟钝性和麻痹性。一般来说，人的嗅觉对一般性的气味经过 $1\sim2min$ 的刺激以后就能适应，对强烈的气味连续经过 10min 的刺激也能适应。上述适应性只是对某一种气味的适应，或者叫反应迟钝，其实这种现象并不影响对另一种气味的感受。

4. 人的综合情况

嗅觉感受力还与人的性别、年龄、健康状况、精神状态等有关。同样的气味，有人喜欢，有人厌恶，即使都喜欢，但喜欢的程度也不一样。同样的道理，不同的人对某种气味厌恶的程度也各有差异。比如部分人喜欢大蒜素和大蒜辣素的特殊气味，但也有部分人难以接受。

5. 其他因素

不同香气物质同时作用时，会互相抑制，使嗅觉发生变异。同一种香气物质浓度发生变化时，也会使嗅觉发生变异。

三、菜肴香气的形成

烹饪食品时发出的香气除了原料本身固有的香气以外，还可通过以下途径产生。

1. 生物合成

自然界有很多植物性原料在生长过程中本身并无香味，但是在烹饪过程中能通过各种化学或生物化学的途径转化或降解成有香气的物质，如糖类、脂类、氨基酸等。

香气前体物质在风味酶的作用下分解、合成或相互反应形成酸、醇、醛、酮、含氮杂环化合物、含硫杂环化合物、酯、萜类或烯类等物质，使植物具有各种香味。水果（如香蕉、苹果和梨）未成熟时先形成较多的脂肪酸，在成熟时可还原成醇和醛，还可分解成短链的脂肪酸，并与醇反应生成酯，使酸度下降，甜味和香气增加。

2. 酶促反应

酶促反应是指在单一酶的作用或参与下完成的合成反应或分解反应。一种情况是酶与香气前体物质直接作用产生香气物质。很多蔬菜（如葱、蒜和卷心菜等）中的香气物质就是生长过程中，在自身风味酶的作用下产生的。又如大蒜中的蒜氨酸在水解酶的作用下分解产生具有辛辣风味的含硫化合物。发酵类食品或调味品（如黄酒、酱油、面酱等）主要是通过微生物分泌的酶作用于糖、蛋白质、脂类及原料中某些香气前体物而产生香气物质的。

3. 氧化作用

植物性食品中存在一些易氧化物质，它们在酶的间接参与下，与空气中的氧发生氧化作用，生成氧化物，使香气前体物质发生氧化而产生特有的香气。比如茶叶中浓郁的香气就是间接酶作用的典型实例。红茶在酶作用下将儿茶酚氧化成醌类化合物，醌促使茶叶中的氨基酸氧化脱氨，转换成醇、醛、酸等挥发性物质，从而产生特有的香味。食用香醋也是在发酵过程中发生了一系列的氧化反应，最终形成醋酸而带有特殊的香气。

4. 高温分解作用

加热是形成食品香味最主要的途径。大多数食物在生的时候只有很淡的香气，或者没有香气，如花生、芝麻、鱼肉、猪肉等，这些物质一经加热就会香气四溢。其主要原因是由于羰氨反应过程中产生了众多的香气成分，如油脂的水解、氧化、分解生成醛、酮和低级脂肪酸，另外，核酸、氨基酸和含氮化合物的分解也能产生各种香气成分。分解和降解产生的各种物质又互相发生各种化学反应，形成香气物质。有些食物原料通过加热或粉碎，使原来以结合态存在的香气物质分解出来而产生香气，如蒜、葱、姜、花椒、辣椒等在高温或粉碎时产生的特有香气。

烹饪加热的过程也是使多种呈香物质或香气前体物质高温下通过各种途径形成综合香气

联合体。把各种的香气成分综合在一起，产生了菜点加热后的特有香味。

5. 增香剂作用

烹饪中还有很多食品可通过增香剂或其他方法（如烟熏法）使香气成分渗入到食品的表面和内部，从而使食品产生所需要的香气。如面点中常加薄荷香精使其带有清凉的薄荷香气，酥点中还经常使用香蕉香精、玫瑰香精、芒果香精、苹果香精等使其富有某方面特有的香气，有时也使用椰茸、桂花、槐花、香叶、桂皮等香气浓郁的香料来为食品增加香气；除此以外烹调中常用辛香调料来去腥增香，如用五香调料与牛肉一起烹制，使这些香料中的香气成分渗入到牛肉中，再加上牛肉本身受热产生的香味，综合成五香牛肉的特有香味。

烟熏制品香气的形成主要是因为熏料中的香气成分受热分解产生气味物质，本身的香气物质和香气前体物质挥发后，通过烟雾与食物接触，一方面烟雾传热使肉本身的香气前体生香，另一方面烟雾和各种挥发性成分通过扩散、渗透、吸附进入食物中，使食物产生烟熏味。为了使烟熏制品的风味更好，常取带有香气的木屑并配以茶叶、饴糖、砂糖、甘蔗皮等，这样可产生更多的香气成分、更浓的香气。但是由于烟雾中含有较多的 α-苯并芘，有一定的致癌性，所以对烟熏制品的安全性应引起足够的重视。

6. 调香作用

调香作用主要是指利用烹饪的手段在菜点制作过程中加以控制和调配，使菜点赋予特定的香气，其实包括一切食品在内的加工技术中，都希望能够为成品赋予一种令人愉快的香气。

在烹饪中经常采用三种方法来体现菜点的香气。①突出主料的香气。即在组配的过程中充分突出主原料的香气，利用辅料和调料进行衬托，使主原料的香气更加完美、更加突出，此类方法主要适合于鲜味和香味很浓的动植物性原料，如鲜肉、鲜鱼等。②突出辅料的香气。这种情况主要适合于当主料香气不足或淡而无味的时候，通过鲜味和香味特别浓郁的辅助原料对其进行辅佐和补充，使主料能够有效地吸附辅佐原料的鲜香美味，比如在制作鱼翅的时候往往使用鸡汤来辅佐，在制作海参的时候，往往使用带皮五花肉与之组配等。③突出调味品的香气。在菜点制作中配以具有突出美味的调味品，如糟汁、桂皮、大料、芥末、花椒等，从而使菜点具有某种特定的香味类型，给人留以清新愉快的味感。

保持食物原料中那些给进食者以愉悦感觉的气味，去掉那些令人厌恶的气味，可以使用香味浓郁的物质，呈香物质还必须具有足够的挥发性，以确保人们在进食时能够感知这种香气的浓度。要使呈香物质在人们进食时有足够长的停留时间，挥发性则不要太大，否则稍纵即逝，进食者还来不及品尝，即已烟消云散。

四、嗅觉的种类

依据生物化学的分类方法，将食物的气味分为植物性原料的香气、动物性原料的香气、焙烤食物的香气和发酵食物的香气等类型。

五、香味及香味原料

（一）植物性原料的香气

1. 水果类的香气

人们经常食用的很多水果，如苹果、香梨、桃子、杏子、李子、香瓜、葡萄、香蕉等都具有浓郁的香气。水果的香气成分主要是有机酸酯类，除此之外还有醛类、萜类化合物和醇类、酮类、挥发性有机弱酸等。具体的呈香物质与水果的种类有关，不同的水果含有不同的香气物质，如苹果的香气物质是乙酸异戊酯，同时还有乙醇、乙酸和挥发性酸等；杏子的香气物质是丁酸戊酯，桃子的香气物质主要是苯甲醛、苯甲醇和各种酯类，其他水果的香气更加复杂，比如葡萄香气中有 78 种成分，梨的香气有 30 余种成分。有时同一种水果的不同品种，其香气成分也未必相同，例如红玉苹果的主要呈香物质是正丁醇、正丙醇和正己醇的乙酸酯，可其他品种的苹果却未必是这样。

水果的香气主要是在植物代谢过程中产生的，一般水果的香气随果实的成熟程度而不断增强，随着水果成熟度的加大，其香气成分也明显增加。人工催熟的果实就没有自然成熟的果实香气浓郁，这主要是因为果实采摘离开母体以后，其代谢能力明显下降，其香气成分的含量显著减少，如内酯类约为原来的 1/5，酯类为 1/2～1/3。但是水果存放时间长了，其体内的成分发生相应的转变，比如糖类转化成醇类或酸类，又为水果增添了浓郁的香气，但是这种香气与水果自然成熟的香气还是有区别的，但区别最明显的还是其质感的变化。

烹饪解读

水果通常情况下都是采取生食的方法，一经加热即会使其香气丧失。

2. 蔬菜类的香气

蔬菜的香气与水果的香气类型不同，香味也不如水果的浓郁，但有些种类其香味也很突出，如葱、蒜、姜、芫荽等。葱、蒜具有香辣气味，其呈香成分主要是一些含硫化合物，这种物质在通常状态下可直接产生挥发性香味。

通常情况下，香气的产生主要有两种模式：①蔬菜中的香味前体在风味酶的作用下直接生成挥发性香气物质；②新鲜的蔬菜原料在烹制加工后仍然存有少量的香味前提物质，这类风味前体在风味酶的作用下也能产生挥发性的香气，该方法经常使用于香味食品的加工当中，其中风味酶可以从原料中提取，具有嫁接性，例如用洋葱中的风味酶处理干制的甘蓝，得到的是洋葱的气味而不是甘蓝气味。

不同的蔬菜具有不同的香气，其香气物质也各不相同：黄瓜的清香气源于它所含有的少量游离的有机酸，从而使人的口感清爽，另外还含有香精油和少量的醛类化合物。西红柿的香气成分随成熟度的不同而改变，未成熟的西红柿主要含有青叶醇和青叶醛等，成熟的西红柿，其香气成分主要是醇类、酯类、醛类、酮类和萜类有机物等。萝卜、芜菁、芥菜、甘蓝等具有的挥发性辣味是因为其中含有甲硫醇和黑芥子素，经酶水解而成有挥发性的辣味，其水溶性成分在切碎后浸泡时容易流失，如刨萝卜丝时产生的辛辣气味放置时间过长就会分解成甲硫醇而具有臭味。芦笋中则存在着二硫基异丁酸和氨基丁酸，在加热或烹制后产生特有的香味。新鲜的甘蓝中含有青叶醇和青叶醛，轻微的辛辣味则由异硫氰酸烯丙酯所引起，从新鲜甘蓝中已检出异硫氰酸酯、硫醚和二硫化物共 20 多种，也有少量黑芥子酸，但在干燥的甘蓝中则丧失殆尽。大蒜、葱、洋葱、韭菜等百合科蔬菜都具有强烈的辛辣气味，烹调时用来掩盖鱼、肉的腥膻气味，其主体成分都是含硫化合物，当大蒜组织构造完整时，气味并不浓烈，因为此时硫化物以蒜氨酸的形式存在，当组织破坏时，便会产生大蒜的特征气味。芹菜、香芹、芫荽等伞形科蔬菜一般都具有浓郁的香气，其中芹菜的特征香气是苯并呋喃类化合物、丁二酮-3-己烯基丙酮酸酯等，香芹（荷兰芹或法芹）香气的特殊成分是洋芹脑，芫荽的主香物质为芫荽醇、香叶醇、癸醛等。

通过以上叙述可见，许多具有辛辣气味的蔬菜，其香气前体除蒜氨酸等以外，黑芥子苷是一种常见化合物，经过检测，各种蔬菜在烹调时所发出的香气，几乎都含有 H_2S、甲醛、乙醛、甲硫醇、乙硫醇、丙硫醇、甲醇、二甲硫醚等。

气味清淡的蔬菜、水果一般不宜与气味浓厚的畜肉放置在一起，否则会失去清淡之特点。番茄鸡蛋汤，具有清爽微酸的特点，是夏天人们所喜爱的汤肴；为了减少蒜苗、芹菜等蔬菜的香气挥发，烹调时只要略微煸炒断生即可。

3. 蕈类的香气

蕈类即大型真菌，种类很多。可食蕈类是风味鲜美和富含蛋白质及多种维生素的"绿色"蔬菜。白色双孢蘑菇简称蘑菇，是消费量最大的一种，其次还有平菇、香菇、金针菇等。构成食用真菌香气的挥发性成分已经鉴定出来的有20多种。蘑菇的主体芳香成分是1-辛烯-3-醇、1-辛烯-3-酮。香菇的子实体内有一种特殊的香气成分，即香菇精，经过高温处理或晒干后能形成香菇的特殊香气。

（二）动物性原料的香气

1. 肉及肉制品的香气

通常所说的肉主要指畜肉和禽肉，它们的香气主要取决于它们所含有的特殊的挥发性脂肪酸，如乳酸、丁酸、己酸、辛酸、己二酸、醚等，每种肌肉因这些成分种类和数量的不同，往往表现出不同的香气。这些化合物的种类与数量又随禽畜的品种、性别、饲养等情况的不同而不同，比如一般情况下未阉割的成熟的雄畜肉往往具有强烈的腥臊异味，而阉割过的公牛肉则有轻微的香气；绵羊肉的膻味较轻，山羊肉的气味像氨一样浓，而羔羊的肉则和母牛肉相似，具有类似牛奶的气味。猪肉的气味相当淡，但母猪肉有点腥臊气味；牛在1～3岁期间，肌肉的颜色和气味都比较浓。另外肉的气味还与宰杀以后的时间有关系，动物的肌体在宰杀死亡之后会经过僵直期、成熟期、自溶期和腐败期等变化阶段，最适合烹调的阶段为成熟期，这是因为成熟阶段的肌肉组织中，肌球蛋白与肌肉蛋白处于"游离"状态，肌肉柔软松弛、持水性好，并且风味浓郁。僵直期和自溶期的肌肉持水性差，风味也不好。

烹饪解读

煮肉产生的鲜美香味，即通常说的肉香味，是肉制品因加热后所含糖、蛋白质及氨基分解产生的呋喃酮和乙硫醇等化合物所致。此外，脂肪的自动氧化、水解、脱水及脱羧等反应，生成的醛、酮和内酯类化合物也有一定的香味。

牲畜在宰杀前若吃了一些带有特殊气味的饲料和药物，则在肉体中也会出现这些气味，但将其放在阴凉通风处一段时间后，这些气味便会消失。

宰杀后存放成熟的肉类，由于醚类、醛类等化合物的聚积，将会改善肉的气味。但存放腐败的肉类，由于微生物的作用，从而释放出硫化氢、硫醇、氨、尸胺、组胺等化合物，使肉具有令人厌恶的腐败臭气，就不能食用了。

2. 水产品的香气及腥气

水产品中最具代表性的气味是腥臭味，其主要成分是三甲胺。新鲜鱼中三甲胺的含量很少，因此腥味比较小，但三甲胺的含量随着新鲜度的下降而不断增加，因为三甲胺是氧化三甲胺在腐败菌产生的还原酶的参与下还原而产生的。

另外，鱼类死后，在细菌的作用下，体内的赖氨酸逐步分解，中间产物之一的 α-氨基戊醛也是水产腥臭气的主要成分。

一般淡水鱼中所含的氧化三甲胺较海鱼中少，所以，当其新鲜度降低时，腥臭气味不像海鱼那样强烈。

在鲜鱼肉中除了含有三甲胺以外还含有一定量的尿素，黏液中还含有蛋白质、氨基酸等，它们和鱼体脂肪中的不饱和羧酸在一定条件下可分解生成氨而使鱼带有臭味。鱼体表面黏液中含有蛋白质、卵磷脂、氨基酸等，因细菌的作用也能产生氨、甲胺、硫化氢、甲硫醇、甲酸、丙烯酸、2-丁烯酸、丁酸、戊酸等，这些腥臭气味物质均为碱性化合物，很容易挥发，因此为了有效地减少水产品的腥臭味，在烹前可加醋洗涤，用醋腌渍，烹时加醋、加酒等措施来进行中和，使其生成醋酸盐而使腥臭味减小。

3. 乳与乳制品的香气

新鲜优质的牛乳虽然具有一种鲜美宜人的香气，但其香气成分非常复杂，主要有甲硫醚、低级脂肪酸、丙酮酸、甲醛、乙醛、2-己酮、2-戊酮、丙酮、丁酮等，其中甲硫醚是牛乳风味的主体成分。如果牛乳中的甲硫醚含量偏多又会使牛乳带有乳牛臭味和麦芽臭味，有时饲料和牛厩中的腥臭异味也会转移到牛乳中来。

新鲜奶酪的香气是由正丁酸、异丁酸、正戊酸、正辛酸等化合物形成，此外，新鲜奶酪的香气成分还有微量的丁二酮、异戊醛等，奶酪具有发酵乳制品的特殊香气。

通过特殊的方法，比如引入乳酸菌并控制在一定的环境下，可以将新鲜的牛乳发酵加工成酸乳，为牛乳增加一种特殊的风味。

酸败后的乳类，因含有较多的丁酸等成分而使牛乳带有强烈的酸败气味。乳中脂肪经过氧化以后会产生浓郁的臭气，经日光曝晒后也会产生一种不良的气味，乳制品加工过程中，如果加热过度，也会形成不良的气味，因此在保存和加工新鲜牛乳时一定要注意这方面的情况，如果使用牛奶制作菜肴，牛乳应该在即将成菜时加入比较合理。

（三）发酵食品的香气

发酵食品是烹饪中常见的品种，其制作方法比较特殊，成品具有独特的香气，这种香味主要是由微生物作用于蛋白质、糖、脂肪及其他物质而产生的，发酵食品的香气主体是醇、醛、酮、酸、酯类等物质。由于微生物种类繁多、成分比例各不相同，从而使食品的风味各有特色。

1. 酒类的香气

酒是饮料，也是烹调时常用的调料，酒的香气成分非常复杂，我国食品科学界，已确认的呈香成分已达100多种，各种酒类的芳香成分因品种而异，其中以醇类和羧酸的酯类居多。醇类如乙醇、正丙醇、异丁醇、异戊醇、活性戊醇等；酯类的形成有两种方式，一种是在发酵过程中经酶的作用，将醇转变为酯；另一种是酒在贮藏时由于酸与醇的酯化作用而生成，一般贮存期愈长，酯的含量愈高。

啤酒中主要的呈香物质是双乙酰，其含量在 0.2mg/kg 以下时是啤酒的香气成分之一，但超过此含量，则使啤酒呈馊饭气味。

一般来说，酒中香气物质的来源主要有以下几个方面：①原料中原有的呈香物质，在发酵过程中转入酒中；②原料原有的前体物质，经发酵后转变成新的呈香物质；③原料中原有的呈香物质，经发酵后转变成新的呈香物质；④在老熟、陈化、窖藏等工艺过程中生成的呈香物质。由此可见，酒类的芳香成分与酿酒的原料种类和生产工艺有着密切的关系。某些酿造酒由于酿造方法和酿酒菌种及其他条件不同，其芳香物质的含量及比例也不相同，因而酒类具有不同的香型，如白酒可分为酱香型、浓香型、清香型和米香型等。

烹饪解读

酒在烹饪中经常被用作调料来使用，其主要作用体现在如下几个方面：利用乙醇的挥发性把原料中的不良气味抽取挥发掉；降低香气物质的蒸气分压，使它们更容易散发出来。

在烹调中使用最多的酒是黄酒，主要是因为其本身就含有增加菜肴香气的多种羰基化合物，能产生特殊的焦香气。

另外，在烹调中还特别注重对酒种类的挑选，比如在对大型的或整型的原料进行焯水时多使用白酒，炒黄豆芽时也常选用白酒，制作肥美而醇香味特别浓郁的鸡类菜肴时，比如贵妃鸡等，多选用葡萄酒；制作鸭子菜肴时为增加香气和酥烂度经常选用啤酒，制作其他菜肴时多选用黄酒。

2. 酱及酱油的香气

酱油和酱都是以大豆、小麦等粮食为原料，经霉菌、酵母菌等的综合作用所形成的调味料，是我国、日本、朝鲜、东南亚等很多国家的传统调味品。酱及酱油的香味物质是制醪糟后期产生的，虽然含量极低，但对酱油的风味影响极大，其主要成分是酯类、醇类、醛类、酚类和有机酸等。其中的醇类是以发酵原料中的糖类物质在酵母菌作用下产生的；醛类物质是由发酵过程中相应的醇经氧化而得到的；酯类物质是由相应的酸和脂在微生物酯酶作用下形成的；酚类物质主要来源于麸皮中的木素降解过程。

烹饪解读

在烹调中加入酱油，经过加热以后，醇、酯和羰基化合物等易于蒸发逸去，酯和缩醛也容易水解，从而会失去其爽快的香气；但是随着蒸发的进程，其色素又会逐渐变浓，菜肴颜色加深，因此在运用酱油或酱来制作菜肴时要根据具体菜肴的要求来综合决定。

3. 食醋的香气

食醋的香气主要来源于发酵过程中产生的各种酯类以及人工添加的各种香辣剂。其中酯类以乙酸乙酯为主，另外还有乙酸异戊酯、乙酸丁酯、琥珀酸乙酯等也较重要。由于酯化反应的速率较慢，当今的生产发酵周期短，因而酿造的醋中含酯量低，香气不足；老法酿醋生产发酵周期长，故醋的香气浓郁，陈醋更胜一筹。

烹饪解读

烹饪中用于调味的食醋有很多种，从颜色上分主要有有色醋和无色醋；从原料上分主要有米醋、糟醋、麦芽醋、苹果醋、葡萄醋等；从加工上分主要有发酵醋、合成醋和加工醋等，使用最多的是米醋。

醋受热挥发性极强，挥发时带有浓郁的香味，挥发以后香味散失，酸味减轻，因此在烹饪中有"临起锅时撒醋"之说。

醋酸具有腐蚀性，能加快肉类原料的酥烂程度，因此在烹制肉类菜肴时，一般都要加少量的食醋。

根据食醋的呈香功能、调酸味功能和腐蚀功能，烹调中往往结合具体的菜肴情况采用不同的方法来添加食醋，总结起来大体有三种：底醋法，将少量的食醋滴在盘底，然后再在盘中装入菜肴，主要目的不是取其酸味，而是去腥增香；响醋法，在加热的锅中或锅边上烹入适量的醋，利用高温使其剧烈汽化，同时将醋蒸发出来的香气翻压入锅中，该法的主要目的是取其香而不取其味；暗醋法，直接将食醋加入菜肴中拌制或在加热的初期与菜肴一同下锅烹调，主要目的既取其酸味又取其腐蚀作用。

发酵的面食如馒头等也具有清淡的香气，其主香成分除了醇和有机酸以外，也含有少量的醋。

（四）烘焙类食物的香气

烘焙类食品也是烹饪中的一大类别，主要包括烘、炒、焙、烤等方法制成的食品。其中炒烤的食品如炒咖啡豆、炒茶叶、炒花生、炒芝麻、炒瓜子、炒黄豆、炒面粉等，其主香成分都是吡嗪类化合物。它们的生成与羰氨反应（美拉德反应）的中间产物有关。面包等烘焙食品的香气，除了发酵过程中形成的醇、酯以外，还有在烘焙过程中产生的多种羰基化合物。

烹饪解读

制作面包时，倘若在发酵面团中加入一些氨基酸，如亮氨酸、缬氨酸和赖氨酸，可以增强面包的呈香的效果。

另外，在面团中加入二羟丙酮和脯氨酸一起加热可产生咸牛肉干的馥郁香味，这种方法也常用于面包制作中。

（五）油炸食品的香气

食品科学家经过多年的实验和研究得出：油炸食品香气主要是来自油脂的高温分解产物，其主香成分是羰基化合物。不同的油脂经过加热以后呈香物质不同，比如用棉籽油、大豆油、牛脂、猪脂炸制食物时产生的香气成分是癸二烯醛；用椰子油来炸制食品则产生特有的甜香气味，其呈香物质是脂肪酮和内酯。

在油炸食品的香气成分中，小麦粉中的游离氨基酸和油脂中的亚油酸含量对香气也有影响。研究者用大豆油、玉米胚油作为油脂来炸制食品时，都证实了这一点。

另外，油炸食品的香味还与炸制过程中的羰氨反应、焦糖化反应和美拉德反应有着密切的关系。

烹饪解读

炸是烹调中常用的方法之一，而油脂又是炸烹法中的一种重要的传热介质，不同的油脂，其油炸温度不同，产生的香味也有所区别，因此在油炸食品时应该根据具体菜肴和食用人群的情况而定。

使用油脂来炸制食品，速度快、质感好，但也存在弊端，如油脂老化会造成不必要的浪费和影响菜品质量；另外，油脂炸制的食品，尤其是高温油炸的食品中含有对人体有毒有害的物质，建议不要常食用油炸食品。

本 章 小 结

"风味"一方面是通过嗅觉器官闻到的，一方面是通过味觉器官尝到的。舌面上不同部位的味蕾，对不同味道的敏感程度不同。

滋味的种类有单一味，主要包括酸、甜、苦、辣、咸、鲜、涩、碱、凉、麻、金属味。复合味是指多种呈味物质刺激味觉器官以后所产生的一种综合感受，如咸鲜味、咸甜味、咸辣味、酸甜味等。

人们用"呈味阈值"来衡量对味的敏感程度，呈味阈值越大在单位浓度下刺激强度就比较小；影响味觉的因素有溶解性、温度、化学结构、人的综合因素、各种味觉之间的相互作用等。复杂的味觉现象是因为各种呈味物质之间相互作用、相互影响的结果：味的对比现象、变味现象、增强现象、拮抗现象。

咸味是基本味之一，咸味是一些中性盐类化合物所显示的滋味；甜味是以蔗糖为代表的味感，甜味剂的种类很多，有天然的，也有人工合成的；酸味一般不能独立成味，常用的酸味调味料有食醋、番茄沙司、泡菜汁等；鲜味是以中国为代表的东方饮食中所追求的理想味型，目前常见的呈鲜原料有味精、鸡精、动物性原料的肌肉、虾、蟹、贝类等；辣味物质在口腔中的刺激部位不在舌头的味蕾上，而在舌根上部的表皮上，产生一种灼痛的感觉，辣味可分为热辣味、麻辣味、辛辣味三类；苦味是一种令人不愉快的味感，具有苦味的物质主要有茶叶、咖啡、可可、啤酒、苦瓜；麻味本身也不是一种味感，而是呈味物质刺激口腔黏膜以后产生的一种痛感和麻痹感，烹饪中使用的麻味调味料主要是花椒；涩味属于异味，是由相关物质刺激、麻痹到触觉神经末梢所引起的感觉；凉味的典型呈味物质是薄荷醇，在菜肴或食品中添加适量的薄荷汁液、薄荷油或薄荷醇，菜肴或食品会产生清凉的味感。

嗅觉之味是指挥发性物质的气流刺激鼻腔内嗅觉器官而产生的综合感受，也是构成食品风味的重要因素。影响嗅觉的因素有挥发性分子的种类、相对分子质量、嗅觉疲劳、人的综合情况、其他因素。烹饪食品时发出的香气除了原料本身固有的香气以外，还可通过以下途径产生：生物合成、酶促反应、氧化作用、高温分解作用、增香剂作用、调香作用。依据生物化学的分类方法，将食物的气味分为植物性原料的香气、动物性原料的香气、焙烤食物的香气和发酵食物的香气等类型。

香味及香味原料有植物性原料的香气：水果类的香气，蔬菜类的香气，覃类的香气；动物性原料的香气：肉及肉制品的香气，水产品的香气及腥气，乳与乳制品的香气；发酵食品的香气：酒类的香气，酱及酱油的香气，食醋的香气；烘焙类食物的香气；油炸食品的香气。

思考题

1. 烹饪中的味包括哪些？如何理解味和风味？

2. 影响味觉的因素有哪些？

3. 味觉及相关原料有哪些？结合实际谈谈它们在烹饪中分别是如何应用的？

4. 菜肴香气的形成途径有哪些？举例说明。

5. 水产品腥臭异味的主要成分是什么？烹饪中应该如何去除？

第十章 实验部分

实验一 蔗糖的性质

一、实验目的

1. 了解蔗糖的物理、化学性质。

2. 掌握蔗糖在不同温度下的结晶、焦糖化现象。

二、实验原理

蔗糖是烹饪中常用的甜味剂，它是一种无色透明的晶体，极易溶于水，较难溶于乙醇。蔗糖在水溶液中的溶解度随温度的升高而增大。蔗糖溶液在达到过饱和以后，会形成结晶。结晶蔗糖加热至160℃，便熔化成为浓稠透明的液体，加热时间延长，蔗糖即分解为葡萄糖及脱水果糖。在190～220℃的较高温度下，蔗糖便脱水缩合成为焦糖。继续加热，焦糖进一步生成二氧化碳、一氧化碳、醋酸及丙酮等产物。蔗糖的颜色逐渐加深，直到全部炭化，能闻到焦味。

三、仪器与试剂

玻璃棒，烧杯，酒精灯，温度计。

白糖，水。

实验装置如图 10-1 所示。

四、实验步骤

1. 将一定量的白糖倒入烧杯中，加入水，直至覆盖白糖。将温度计垂直地悬挂在杯子中央，温度计水银球离杯底约 6mm。

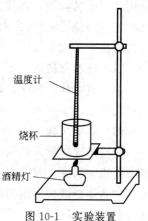

温度计

烧杯

酒精灯

图 10-1 实验装置

2. 点燃酒精灯加热，用玻璃棒搅拌，使白糖全部溶解。继续加热，直到白糖全部炭化，能闻到焦味。

3. 边观察边记录。记录数据可参照表 10-1。

表 10-1 蔗糖溶解记录

蔗糖溶液的体积	加热时间	玻璃棒上的晶体状况	颜色变化

五、结果处理

1. 记录白糖在不同温度下的变化。

2. 分析白糖发生变化的原因。

实验二　油脂的性质

实验 2-1　油温的测定

一、实验目的

1. 掌握不同油脂在不同温度下发生的变化。

2. 通过本次实验能够懂得怎样鉴别油温，正确掌握油温的识别方法。

二、实验原理

油温就是油在锅中经过加热后所达到的温度，在烹调过程中经常要涉及油温。不同的油温对菜肴的色泽、质感、形状等有不同的影响，正确判断油温适时下料，是保证菜肴质量的重要一步。通常人们以"成"来表示油温高低，我们通常把油脂达到沸点的过程分成十等份，因为不同的油脂沸点不同，每一成的温度也不同，一成油温大概为 30℃ 左右。根据烹调的实际需要，我们通常将油温分成 4 种情况：即低油温、中油温、热油温和高油温。低油温是指二、三成油温，温度大约在 60～90℃；中油温是指三、四成油温，温度大约在 90～120℃；热油温是指五、六成油温，温度大约在 150～180℃；高油温是指七、八成油温，温度大约在 210～240℃。

三、仪器与试剂

水银温度计，炒锅，炉灶。

大豆油，菜子油，花生油，色拉油。

四、实验步骤

将油脂试样倒入炒锅中，将温度计垂直地悬挂在炒锅中央，水银球浸入油脂液面以下，但不能接触锅底。调节火力的位置，使火苗集中在炒锅底部的中央。

加热油脂试样，用温度计记录油脂的加热温度，直至油脂加热沸腾。记录方式可参照表 10-2 的方式。

表 10-2　油温测定记录

油温划分	温度/℃	油面状况	备注（如投入原料的状况等）
一成			
二成			
三成			
四成			
五成			
六成			
七成			
八成			
九成			
十成			

五、结果处理

每种试样做一次实验，记录不同油脂在不同温度下的变化现象，将测定结果列表记录。

六、问题与思考

油脂在不同的油温条件下，适用于哪些烹调方法？

实验2-2　油脂发烟点的测定

一、实验目的

1. 掌握油脂发烟点的定义。
2. 学会油脂发烟点的测定方法。

二、实验原理

食用油脂的发烟是油脂中存在的小分子物质挥发而引起的。这些小分子物质可以是原来油脂中混有的，如未精制的毛油中存在的小分子物质（往往是毛油在贮存过程中酸败后的产物）；或者是由于油脂的热不稳定性，发生热分解而产生的。所以油脂的发烟点是衡量油脂加工质量的主要指标，对高级烹调油、色拉油尤为重要。

三、仪器与试剂

水银温度计，炒锅，炉灶。

豆油（粗制和精制），玉米胚芽油（粗制和精制），菜子油（粗制和精制），色拉油。

四、实验步骤

将油脂试样小心倒入炒锅中，调节火力的位置，使火苗集中在炒锅底部的中央，将温度计垂直地悬挂在炒锅中央，水银球浸入油脂液面以下，但不能接触锅底。

迅速加热油脂到发烟点前42℃左右，调节火力，使油脂温度上升缓慢，速率约为5～6℃/min。发烟点指试样出现少量烟，同时继续有浅蓝色的烟冒出时的温度，观测并记录油脂发烟时的温度，即为发烟点。

五、结果处理

1. 每种试样做2个平行结果，允许差不超过2℃，求其平均值为试验结果，测定结果取小数点后第一位。
2. 将测定结果列表记录，比较油脂的加工质量。

六、问题与思考

1. 油脂中游离脂肪酸的含量与发烟点的高低有什么关系？
2. 一般油脂的发烟点为210～220℃，长期存放后，为什么会降低？

实验2-3　油脂酸价的测定

一、实验目的

1. 了解油脂中存在的游离脂肪酸的测定意义。
2. 掌握油脂酸价的测定方法。

二、实验原理

油脂中的游离脂肪酸能与氢氧化钾（KOH）起中和反应，生成脂肪酸钾和水，反应式如下所示：

$$RCOOH + KOH \longrightarrow RCOOK + H_2O$$

中和1g油脂中游离脂肪酸所需要的氢氧化钾的质量（mg）为该油脂的酸价，即实验时所消耗的氢氧化钾的质量与油脂质量的比值。酸价是反映油脂质量的主要技术指标。成熟、新鲜的油脂，几乎全是甘油三酯，呈中性。但是油脂在贮存过程中，会受到脂肪酶、细菌、霉菌、环境条件的影响，产生一定量的游离脂肪酸，从而使油脂的品质变劣，严重时甚至发生酸败而不能食用。

三、仪器与试剂

分析天平，量筒（50mL），碱式滴定管（25mL），锥形瓶（250mL）。

氢氧化钾标准溶液（0.1mol/L），乙醚-乙醇混合液（乙醇：乙醚＝2：1），酚酞指示剂（1%），大豆油，菜子油，花生油，色拉油。

四、实验步骤

1. 准确称取 4g 样品油脂置于锥形瓶中。

2. 在三角烧瓶中加入 50mL 的中性乙醚-乙醇混合液，振荡使样品溶解，应全部溶解得透明液，加入 2～3 滴酚酞指示剂。

3. 用吸管将 KOH 标准溶液放入碱式滴定管中，并把胶管中的气体排空，注意记好液面高度。

4. 将锥形瓶置于液滴管下，滴入 KOH 标准溶液并不断摇动。开始时滴入稍快，当溶液呈微红色且保持 30s 不消失时即为终点。记录好消耗的 KOH 标准溶液体积。

五、结果处理

$$酸价 = \frac{(Vc \times 56)}{m} = \frac{(V \times 0.1 \times 56)}{m}$$

式中　c——KOH 标准溶液的浓度，0.1mol/L；

$\quad\quad V$——样品消耗 KOH 标准溶液体积，mL；

$\quad\quad m$——油脂的质量，g；

$\quad\quad 56$——KOH 的摩尔质量，g/mol。

六、注意事项

1. 如果在实验过程中没有 KOH 标准溶液，可以采用 NaOH 标准溶液代替，但是计算公式不变，即仍用 KOH 的摩尔质量（56）代替计算。

2. 酸价较高的油脂在实验时可减少样品用量。

3. 油脂的酸价越高，说明油脂的质量越差，越不新鲜。根据中国《食用植物油卫生标准》规定，花生油、菜子油、大豆油的酸价不大于 4，棉籽油不大于 1。

4. 如果油脂的颜色过深，滴定终点判断较困难，这时可以减少试样用量或适当增加混合指示剂的用量，也可以选用百里酚酞（1%乙醇溶液）指示剂来代替，滴定终点由无色变为蓝色。

5. 实验过程中，加入乙醇的目的是防止产生的脂肪酸钾分解，选用的乙醇浓度最好大于 40%。

七、问题与思考

酸价的大小与油脂的新鲜度有什么关系？

实验三　脂肪含量的测定

对于肉类食品中，由于脂类与蛋白质或碳水化合物形成结合脂，采用酸水解的方法效果比较好，可以将其中的脂类完全提取出来。即在强酸、加热的条件下，使蛋白质和碳水化合物被水解，使脂类游离出来，然后再用有机溶剂提取。

本法适用于各类食品中脂肪含量的测定，但是对于一些含磷脂较多的食品，如鱼类、贝类、蛋及其制品，在盐酸溶液中加热时，磷脂几乎完全分解为脂肪酸和含氮碱，使测定结果偏低，故本法不适用于测定含大量磷脂的食品。对于糖类含量较高的食品，因糖类遇强酸易炭化影响测定结果，本法也不适用。

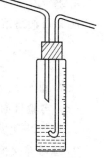

图 10-2　实验装置

一、实验目的

1. 学会并掌握酸水解法测定脂肪含量的方法。

2. 学会根据食品中脂肪存在状态及食品组成，正确选择脂肪的测定方法。

3. 掌握用有机溶剂萃取脂肪及溶剂回收的基本操作技能。

二、实验原理

利用强酸在加热的条件下与试样一起水解，使结合或包裹在组织内的脂肪游离出来，再用乙醚提取，回收除去溶剂，干燥后称重，提取物的质量即为试样中总脂肪的含量。

三、仪器与试剂

100mL 具塞量筒，实验装置如图 10-2 所示。

盐酸，95％乙醇，乙醚，石油醚（30～60℃沸程）。

四、实验步骤（以午餐肉为例加以介绍）

1. 样品处理：精确称取午餐肉约 2g，置于 50mL 的大试管中，加入 8mL 的水，混匀后再加入 10mL 盐酸。

2. 将试管放入 70～80℃水浴中，每隔 5～10min 用玻璃棒搅拌一次，至样品完全消化完全，消化时间约为 40～50min。

3. 取出试管，加入 10mL 的乙醇，混匀。冷却后将混合物移入 100mL 具塞量筒中，用 25mL 乙醚分数次洗涤试管，洗液一并倒入具塞量筒中。待乙醚全部倒入量筒后，加塞振荡 1min，小心开塞，放出气体，再塞好，静置 12min，小心开塞，并用石油醚-乙醇等量混合液冲洗塞及筒口附着的脂肪。静置 10～20min，待上部液体清晰，吸出上层清液于已恒重的锥形瓶内，再加 5mL 的乙醚于具塞量筒内，振荡，静置后，仍将上层乙醚吸出，放入原锥形瓶内。将锥形瓶置于水浴上蒸干，置（100±5）℃烘箱内干燥 2h，取出，放干燥箱中冷却 0.5h 后称量，反复重复以上操作至恒重。

五、结果处理

1. 数据记录

锥形瓶质量/g	脂肪加瓶质量/g	午餐肉中脂肪量/g

2. 结果计算

$$X = \frac{m_2 - m_1}{m} \times 100$$

式中　X——脂类的含量，g/100g；

　　　m_2——锥形瓶和脂肪质量，g；

　　　m_1——空锥形瓶的质量，g；

m——试样的质量，g。

六、注意事项

1. 在使用强酸处理样品时，一些本来溶于乙醚的碱性有机物质能够与酸结合而生成不溶于乙醚的盐类，同时在处理过程中产生的有些物质也会进入乙醚，因此最后需要采用石油醚处理抽提物。

2. 午餐肉要切成肉末，与液体混合，用玻璃棒搅拌均匀，否则会因消化不完全使结果偏低。

3. 挥干溶剂后，若残留物中有黑色焦油状杂质（分解物与水一同混入所致），可用等量的乙醚和石油醚溶解后过滤，再挥干溶剂，否则会导致测定的结果偏高。

实验四　乙酸乙酯的制作

一、实验目的
1. 了解酯化反应的原理。
2. 练习连接简单的实验仪器。

二、实验原理

乙醇与乙酸会发生酯化反应，是由于乙醇中的羟基（—OH）能与乙酸中的羧基（—COOH）发生反应失去1分子的水而生成酯类。酯类是水果及白酒中香气的主要成分，在烹饪过程中加入料酒或在腌制蔬菜时加入酒都能产生酯化反应。常温下该反应是缓慢进行的，但是在加热的条件下反应速率加快。反应式如下所示：

$$CH_3-\overset{O}{\overset{\|}{C}}-OH + H-O-C_2H_5 \underset{}{\overset{浓 H_2SO_4}{\rightleftharpoons}} CH_3-\overset{O}{\overset{\|}{C}}-O-C_2H_5 + H_2O$$

三、仪器与试剂
试管、试管夹、铁架台、酒精灯、单孔橡皮塞、导管。
乙醇、乙酸、浓硫酸、饱和碳酸钠溶液。

四、实验步骤

1. 取 2mL 的乙醇、2mL 的乙酸溶液加入到干净的试管中，再缓慢地加入 0.5mL 的浓硫酸。用带有导管的单孔橡皮塞封住试管口，固定在试管架上。

2. 用酒精灯加热试管中的混合物，将产生的蒸气通过导管通入装有饱和碳酸钠溶液的

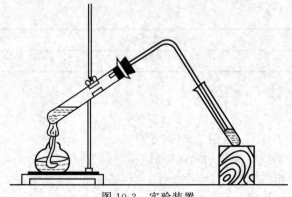

图 10-3　实验装置

液面上方 2~3mL 处。

3. 当有透明的油状液体浮在液面上时，停止加热，取下含有碳酸钠溶液的试管，可闻到果香气味。

试验装置及实验步骤可参见图 10-3 所示。

五、问题与思考

炒油菜时为什么要加入酒？煮鱼的时候为什么要放入一些料酒和食醋？

实验五　叶绿素的分离、提取及变化

实验 5-1　菠菜中叶绿素的分离与提取

一、实验目的

1. 学会提取叶绿素的方法。

2. 了解吸附层析法的原理。

二、实验原理

吸附层析法可以简单地利用碳酸钙分离植物中的色素。有机溶剂可提取菠菜中的叶绿素，将一支粉笔竖立在含叶绿素的有机溶剂中，由于毛细管的作用，液体可沿着粉笔上升，并呈现出很明显的色带。表现为叶绿素为绿色，叶黄素为黄色，胡萝卜为橘色。

三、仪器与试剂

乳钵，50mL 烧杯，天平，剪刀，漏斗。

菠菜，白色粉笔，丙酮溶液。

四、实验步骤

1. 称取新鲜菠菜叶 10g，用剪刀剪成小块，放入乳钵中。加入丙酮溶液 10mL 研磨成浆状，离心或过滤除去渣子。研磨的装置如图 10-4 所示。

图 10-4　研磨装置

2. 在烧杯中放入 5mL 的提取液，在烧杯的中心处垂直放入一支粉笔。

3. 等待一段时间后，菠菜中的色素在粉笔上分离，可以从颜色上区别是哪种色素。

五、问题与思考

为什么对叶绿素的提取要用丙酮溶液而不用水？

实验 5-2　叶绿素的变化

一、实验目的

1. 了解不同条件下叶绿素的颜色变化。

2. 合理掌握绿叶蔬菜的烹调方法。

二、实验原理

蔬菜中的叶绿素能与蛋白质结合成叶绿体，在受热时，蛋白质发生变性，叶绿素将会游离出来。游离的叶绿素不稳定，会受到光照、氧气、温度、pH 值的影响而发生颜色变化。

1. 在酸性条件下：叶绿素分子中心的镁原子可被氢原子取代，生成绿褐色的脱镁叶绿素。

2. 在碱性条件下：叶绿素水解生成鲜绿色的叶绿酸盐、叶绿醇及甲醇，叶绿酸盐比较稳定。

3. 焯水处理：绿色蔬菜在烹制前，放在 70℃ 左右的热水中处理几分钟，可排除组织中的氧气，此时的叶绿素酶活性最大，将叶绿素水解生成更绿且稳定的甲基叶绿素和叶绿醇。

4. 硫酸铜处理：叶绿素分子中的镁原子可被铜原子取代，生成亮绿色的含铜叶绿素，它对光、热均较稳定。

三、仪器与试剂

剪刀、烧杯、试管、试管夹、试管架、酒精灯、温度计。

绿叶菜叶，0.05％硫酸铜溶液，0.5％碳酸钠溶液，1％乙酸。

四、实验步骤

1. 加入 10mL 的 1％乙酸溶液在试管中，再加入剪碎的绿叶，振荡摇匀，加热至沸，观察颜色的变化。

2. 加入 10mL 的 0.5％碳酸钠溶液在试管中，再加入剪碎的绿叶，振荡摇匀，加热至沸，观察颜色的变化。

3. 加入蒸馏水溶液在试管中，再加入剪碎的绿叶，振荡摇匀，加热至沸，观察颜色的变化。

4. 加入 50mL 的水在烧杯中，将温度计插入水中，加热至 70℃，再加入剪碎的绿叶，保持水温 5～10min，捞出过冷水。再放入一试管中，加热至沸，观察颜色的变化。

5. 加入 10mL 的 0.05％硫酸铜溶液在试管中，再加入剪碎的绿叶，振荡摇匀，加热至沸，观察颜色的变化。

五、问题与思考

1. 炒菜时为什么不能加盖？

2. 炒油菜时为什么要急火快炒，油量相对要大些？

实验六　蛋白质的性质

一、实验目的

1. 掌握蛋白质的某些重要的理化性质。

2. 了解蛋白质沉淀的几种方法及其实用意义。

3. 了解蛋白质变性与沉淀的关系。

二、实验原理

1. 蛋白质分子在水溶液中由于表面生成水化层和双电子层而为稳定的、均匀分散的亲水胶体颗粒。在一定的理化因素条件下，蛋白质颗粒可因失去电荷和脱水而发生沉淀。

2. 可逆沉淀反应：蛋白质分子的结构尚未发生显著变化，蛋白质的沉淀仍能溶于原来的溶剂中，并保持其天然性质不变性（如大多数蛋白质的盐析作用）。提纯蛋白质时，常利用此类反应。

3. 不可逆反应：蛋白质分子内部结构发生重大的改变，蛋白质常变性而沉淀，不再溶于原来的溶剂中（如加热、重金属或某些有机酸的反应都属于此类）。

三、仪器与试剂

烧杯、玻璃棒、试管、酒精灯。

蛋清蛋白溶液、水、饱和氯化钠溶液、饱和硫酸铵、粉末硫酸铵、大豆分离蛋白粉、1mol/L 氢氧化钠溶液、1mol/L 盐酸溶液、酒石酸溶液、大豆蛋白溶液、5％三氯乙酸溶液、20％氢氧化钠溶液、95％的乙醇。

四、实验步骤

1. 蛋白质的水溶性

（1）在 50mL 的小烧杯中加入 0.5mL 蛋清蛋白溶液，加入 5mL 水，摇匀，观察其水溶性，有无沉淀产生，在溶液中逐滴加入饱和氯化钠溶液，摇匀，得到澄清的蛋白质氯化钠溶液。

取上述蛋白质的氯化钠溶液 3mL，加入 3mL 饱和硫酸铵溶液，观察球蛋白的沉淀析出，再加入粉末硫酸铵至饱和，摇匀，观察清蛋白从溶液中析出，解释清蛋白在水中及氯化钠溶液中的溶解度以及蛋白质沉淀的原因。

（2）在 4 个试管中各加入 0.1～0.2g 大豆分离蛋白粉，分别加入 5mL 水，5mL 饱和食盐水，5mL、1mol/L 的氢氧化钠溶液和 5mL、1mol/L 盐酸溶液，摇匀，在温水浴中温热片刻，观察大豆蛋白在不同溶液中的溶解度。在第一支、第二支试管中加入饱和硫酸铵溶液 5mL，析出大豆球蛋白沉淀。第三支、第四支试管中分别用 1mol/L 盐酸和 1mol/L 氢氧化钠中和至 pH4～4.5，观察沉淀的生成，解释上述现象。

2. 蛋白质的起泡性

（1）在两个 250mL 的烧杯中各加入 2％的蛋清蛋白溶液 50mL，一份用玻璃棒不断搅打 1～2min，另一份用玻璃管不断鼓入空气泡 1～2min，观察泡沫的生成，估计泡沫的多少以及泡沫的稳定时间。评价不同搅拌方式对蛋白溶液起泡性的影响。

（2）取两个 250mL 的烧杯，各加入 2％的蛋清蛋白溶液 50mL，其中一份加入酒石酸 0.5g，另一份加入氯化钠 0.1g，以相同的方式搅拌 1～2min，观察泡沫产生的多少及泡沫的稳定性有何不同。

用 2％的大豆蛋白溶液进行以上同样试验，比较蛋清蛋白与大豆蛋白的起泡性。

3. 蛋白质的变性反应

（1）热变性：取 1 支试管，加入 10mL 的蛋清蛋白溶液，在酒精灯上加热，观察蛋白质凝成絮状，将生成的絮状蛋白取出一些放入水中，观察是否溶解。

（2）酸变性：在试管中加入 2mL 的蛋清蛋白溶液，再加入 5％三氯乙酸溶液 1mL，振荡试管，观察沉淀的生成。静置一段时间后，倾出上清液，将生成的沉淀加入少量的水，观察是否溶解。

（3）碱变性：在试管中加入 2mL 的蛋清蛋白溶液，再加入 3 倍体积的 20％氢氧化钠溶液，混匀，观察沉淀的生成。静置一段时间后，倾出上清液，将生成的沉淀加入少量的水，观察是否溶解。

（4）酒变性：在试管中加入 2mL 的蛋清蛋白溶液，再加入 2mL 的 95％的乙醇。混匀，观察沉淀的生成。

用 2％的大豆蛋白溶液进行以上同样试验，比较蛋清蛋白与大豆蛋白的蛋白质变性反应。

五、问题与思考

1. 蛋白质变性凝结与温度有什么关系？烹饪中如何应用？

2. 蛋白质的沉淀原理在烹饪过程中有哪些运用？试举例说明。

实验七　蛋白质含量的测定

测定蛋白质最基本的方法是定氮法，即先测定样品中的总氮量，再由总氮量计算出样品中蛋白质的含量。蛋白质测定最常用的方法是凯式定氮法，它是测定总有机氮最标准的和操作较简单的方法之一，应用普遍。这种方法是基于测定试样中的总有机氮，然后由总氮量乘上一个合适的蛋白质换算系数 F 来求得蛋白质含量。各种蛋白质的含氮量十分接近，平均为 16%，这是蛋白质组成的一个特点，故一般 F 值取 6.25。但需要准确计算时，可根据所测产品来选择合适的换算系数，如表 10-3 所示。

表 10-3　不同食物原料蛋白质换算系数

食物原料	换算系数	食物原料	换算系数
小麦（整粒）	5.83	可可豆	5.30
黑麦、燕麦	5.83	椰子、核桃	5.30
大麦、小麦	5.83	花生	5.46
大米	5.95	大豆及其制品	5.71
玉米、高粱	6.24	乳及乳制品	6.38
小麦粉及其制品	5.70	蛋	6.25
向日葵籽	5.40	畜禽肉及其制品	6.25
芝麻、南瓜籽	5.40	动物胶	5.55

一、实验目的

1. 理解用常量凯式定氮法测定蛋白质含量的原理。
2. 掌握常量凯式定氮法中样品的消化、蒸馏、吸收等基本操作技能。
3. 进一步熟练掌握滴定操作。

二、实验原理

样品以硫酸铜为催化剂，用浓硫酸消化，使蛋白质分解，其中碳和氢被氧化成二氧化碳和水溢出，而样品中的有机氮则转变为氨，并与硫酸结合生成硫酸铵，这个过程称为消化。加碱蒸馏使氨游离出来，用硼酸吸收后形成硼酸铵，再以盐酸标准溶液滴定，根据盐酸的消耗量乘以换算系数，即为蛋白质含量。

反应过程可表示如下。

1. 消化

$$2NH_2(CH_2)_2COOH + 13H_2SO_4 \longrightarrow (NH_4)_2SO_4 + 6CO_2 + 12SO_2 + 16H_2O$$

2. 蒸馏和吸收

$$(NH_4)_2SO_4 + 2NaOH \longrightarrow 2NH_3 \uparrow + Na_2SO_4 + 2H_2O$$

$$2NH_3 + 4H_3BO_3 \longrightarrow (NH_4)_2B_4O_7 + 5H_2O$$

3. 滴定

$$(NH_4)_2B_4O_7 + 2HCl + 5H_2O \longrightarrow 2NH_4Cl + 4H_3BO_3$$

三、仪器与试剂

全套凯式定氮装置，如图 10-5 所示。

硫酸铜、硫酸钾、浓硫酸、氢氧化钠溶液（400g/L）、硼酸溶液（20g/L）、盐酸标准溶液（0.1mol/L）、混合指示剂（1 份 1g/L 甲基红乙醇溶液与 5 份 1g/L 溴甲酚绿乙醇溶液临用时混合）。

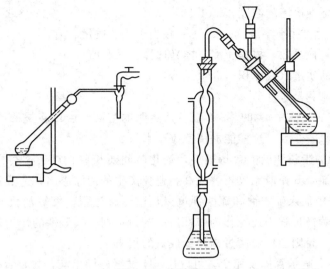

图 10-5 实验装置

四、实验步骤（以豆乳为例加以介绍）

1. 准确吸取 20mL 的豆乳样品，小心移入干燥的 500mL 凯式烧瓶中，加入 0.5g 硫酸铜、10g 无水硫酸钾和 20mL 硫酸。稍摇匀后在烧瓶口放一个小漏斗，将烧瓶以 45°角斜支于有小圆孔的石棉网上。小心加热，待内容物完全炭化、泡沫停止后逐渐加强火力，保持烧瓶内液体微沸，至烧瓶内液体呈蓝色澄清透明后，再继续加热 0.5h。取下烧瓶，放冷后加入 20mL 的水，冷却到室温。

2. 将冷却后的烧瓶连接到准备好的蒸馏装置上，塞紧瓶口，将冷凝管下端插入接收瓶的液面下，接收瓶内预先加入 20g/L 硼酸溶液 60mL 及 2～3 滴混合指示剂。在凯式烧瓶中加入 100mL 蒸馏水、玻璃珠数粒，放松节流夹，通过安全漏斗加入 70～80mL 的氢氧化钠溶液，至溶液转为蓝黑色为止。

3. 将装置连接好，夹紧节流夹，加热蒸馏。待凯式烧瓶内液体减少至约 1/3 时，氮被完全蒸发出来，这时将冷凝管下端提出液面，再蒸馏 1min，用少量的水冲洗冷凝管下端后停止加热。

4. 取下接收瓶，用 0.1mol/L 盐酸标准溶液滴定至灰色为终点。同时做空白实验。

五、数据处理

1. 数据记录

盐酸标准溶液浓度/(mol/L)	样品消耗盐酸的量/mL			空白滴定消耗盐酸的量/mL		
	1	2	平均	1	2	平均

2. 结果计算

$$X = \frac{(V_1 - V_0)c \times 0.014}{m \times (10/100)} \times F \times 100\%$$

式中 X——食品中蛋白质的质量分数，%；

  V_1——样品中消耗盐酸标准溶液的体积，mL；

  V_0——空白滴定消耗盐酸标准溶液的体积，mL；

c——盐酸标准溶液的浓度，mol/L；

0.014——1mL 盐酸标准溶液（1mol/L）相当于氮的质量，g；

F——氮的转换系数，根据所测定样品选择合适数值；

m——样品的质量（或体积），g（或 mL）。

六、注意事项

1. 在消化反应的过程中，如果得不到澄清透明的溶液，可以将烧瓶冷却后缓慢加入过氧化氢（$\omega=30\%$）2～3 滴，这样能加快反应速率。

2. 如果样品中的脂肪和糖类含量较多，消化时间要长些。对于这类样品，消化过程中必须不停地摇动烧瓶，开始时温度不要太高，避免产生的泡沫溢出，造成氮的损失。

3. 在消化过程中加入硫酸铜和硫酸钾可以加速分解过程，缩短消化时间。其中硫酸铜具有催化功能，在蒸馏过程中还能作为碱性反应的指示剂。硫酸钾的作用是提高沸点，但是加入的量不能过多，否则会使温度过高而造成氮的损失。

4. 蒸馏过程中，氨是否挥发完全，可以用 pH 试纸测馏出液，看是否呈碱性来判断。

5. 在实验前必须要仔细检查凯式定氮蒸馏装置的各个连接部位，保证不漏气。

6. 小心加入样品，不能使样品沾污凯式烧瓶的口部、颈部。

实验八 蛋白质的溶胀性

一、实验目的
掌握蛋白质溶胀性的原理。

二、实验原理

当蛋白质处于分子量比它小的溶剂中时，小分子物质将进入高分子的蛋白质中去，导致高分子化合物的体积胀大，超过原来的数倍或数十倍。用水涨发墨鱼就是这个道理。当干墨鱼与水溶液接触时，由于水分子是比蛋白质分子小得多的低分子化合物，水分子进入蛋白质分子间的速度比蛋白质分子扩散到水溶液中的速度快得多。蛋白质分子结构复杂、不定形，多为卷曲或螺旋状，水分子进入蛋白质后，能将这些分子结构慢慢张开，水分子进入得越多，被伸开的蛋白质分子就越多，故干墨鱼涨发后的体积就越大。若升高水溶液的温度，蛋白质溶胀速度就会加快。

三、仪器与试剂
大烧杯。

干墨鱼一条、水。

四、实验步骤

1. 实验组：将一条干墨鱼放入一水盆中，加入一定量的温水（20～30℃），观察干墨鱼的变化。

2. 对照组：将一条干墨鱼放入一水盆中，加入一定量的冷水，观察干墨鱼的变化。

3. 比较实验组和对照组的变化。

五、结果处理

1. 记录干墨鱼在温水中的变化。

2. 分析干墨鱼发生变化的原因。

参 考 文 献

[1]　季鸿崑. 烹饪化学. 北京：中国轻工业出版社，2000.

[2]　黑龙江商学院旅游烹饪系. 烹饪化学. 哈尔滨：黑龙江科学技术出版社，1995.

[3]　朱婉芳. 烹饪基础化学. 北京：中国商业出版社，1989.

[4]　彭景. 烹饪营养学. 北京：中国轻工业出版社，2007.

[5]　李文卿. 面点工艺学. 北京：高等教育出版社，2003.

[6]　李培青. 食品生物化学. 北京：中国轻工业出版社，2007.

[7]　季鸿崑. 烹饪化学. 第2版. 北京：中国轻工业出版社，2006.

[8]　黄刚平. 烹饪基础化学. 北京：旅游教育出版社，2005.

[9]　朱婉芳. 烹饪基础化学. 北京：中国商业出版社，1995.

[10]　刘用成. 食品生物化学. 北京：中国轻工业出版社，2005.

[11]　刘欣. 食品酶学. 北京：中国轻工业出版社，2007.

[12]　赵廉. 烹饪原料学. 北京：中国财政经济出版社，2002.

[13]　冯凤琴，叶立扬. 食品化学. 北京：化学工业出版社，2005.

[14]　倪小娟，刘锡寿. 烹饪化学与食品安全. 北京：中国商业出版社，2006.

[15]　李里特. 食品物性学. 北京：中国农业出版社，1998.

[16]　陈苏华. 中国烹饪工艺学. 北京：中国商业出版社，1992.